U0158869

面向能源互联网的
电力通信网规划研究

MIANXIANG NENGYUAN HULIANWANG DE
DIANLI TONGXINWANG GUIHUA YANJIU

李湘旗　肖振锋　徐志强　伍晓平　陆俊　编著

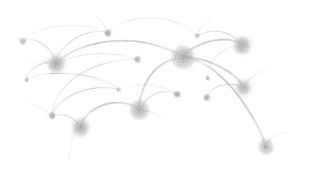

中国电力出版社
CHINA ELECTRIC POWER PRESS

内 容 提 要

本书主要介绍电力通信网规划技术与方法，阐述能源互联网背景下电力通信网规划的关键技术。全书共 6 章，主要包括电力通信网规划、电力通信网规划理论、电力通信网需求与带宽预测、电力骨干通信网规划、电力通信接入网规划和能源互联网电力通信网精准规划体系。本书注重电力通信网规划理论技术方法与能源互联网建设相融合，着重介绍能源互联网下电力通信网规划方面的新研究进展，简明扼要、重点突出。

本书可作为电力行业相关通信管理人员、通信工程设计人员、通信网络工程技术人员的通识教育培训教材和技术参考书，也可供从事电力通信网规划研究领域的相关研究人员参考。

图书在版编目（CIP）数据

面向能源互联网的电力通信网规划研究/李湘旗等编著 . —北京：中国电力出版社，2022.4
（2023.6 重印）
ISBN 978 - 7 - 5198 - 6303 - 6

Ⅰ.①面… Ⅱ.①李… Ⅲ.①电力通信网－规划－研究 Ⅳ.①TM73

中国版本图书馆 CIP 数据核字（2021）第 263515 号

出版发行：中国电力出版社
地　　址：北京市东城区北京站西街 19 号（邮政编码 100005）
网　　址：http://www.cepp.sgcc.com.cn
责任编辑：陈　硕（010 - 63412532）
责任校对：黄　蓓　常燕昆
装帧设计：郝晓燕
责任印制：吴　迪

印　　刷：北京天泽润科贸有限公司
版　　次：2022 年 4 月第一版
印　　次：2023 年 6 月北京第二次印刷
开　　本：710 毫米×1000 毫米　16 开本
印　　张：8.5
字　　数：118 千字
定　　价：45.00 元

前言

　　互联网推动社会进入网络经济时代，社会多要素共享已经成为新一轮科技竞争和产业革命的新业态和新模式。能源互联网核心内涵是把互联网技术与可再生清洁能源相结合，将全球电网变成一个庞大的能源共享网络，实现由集中式化石能源开发利用向分布式可再生清洁能源利用的深刻转变。在数字技术驱动下，电网的基础设施、公共服务功能将得到转型升级，对新经济的连接力、支撑力、带动力将不断增强。电力通信是实现电力生产调度自动化和管理现代化的基础，是确保电网安全、稳定、经济运行的重要保证，是电力生产不可缺少的环节。随着智能电网持续建设以及能源互联网兴起，电力通信网形态发生了显著变化，网络规模不断扩大，承载在电力通信网上的生产业务种类不断增多，业务信息量飞速增长，传统点对点与汇聚型向多源多宿转变。以上变化对电力通信网的可靠性、稳定性、灵活性要求不断提高，电力通信网规划与建设面临巨大挑战和机遇。

　　本书主要关注面向能源互联网的电力通信网规划技术及其关键技术研究，介绍电力通信网规划技术与方法，阐述能源互联网背景下的电力通信网规划的关键技术与技术研究。全书共分 6 章，包括电力通信网规划、电力通信网规划理论、电力通信网需求与带宽预测、电力骨干通信网规划、电力通信接入网规划和能源互联网电力通信网精准规划体系。

　　本书限于编者认知水平，书中错误和遗漏在所难免，恳切希望读者提出宝贵建议和批评。

编者

2022 年 3 月

目 录

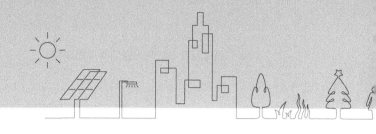

第 1 章　电力通信网规划

能源互联网借助互联网技术与清洁能源技术将电力网变成一个能源共享网络，促使电力系统由传统单一电能分配角色转变为集电能收集、电能传输、电能存储、电能分配和用户互动化为一体的新型能源电力交换系统节点，由此给电力通信网规划带来新机遇和新挑战。本章首先介绍电力通信网，接着阐述电力通信网规划，最后分析能源互联网下电力通信网规划面临的挑战。

1.1　电力通信网

1.1.1　定义与组成

1. 定义

电力通信网（Electric Power Communication network）通常是指支撑和保障电网生产安全稳定运行，由覆盖各电压等级输、变、配电设施、各级调度等电网生产运行场所的电力通信设备所组成的系统。

2. 组成

电力通信网通常包括电力骨干通信网和电力通信接入网，其中电力骨干通信网涵盖 35kV 及以上电网厂站及各类生产办公场所，电力通信接入网涵盖 10kV（或 20kV/6kV）和 0.4kV 电网相关站点。电力通信网层次结构如图 1-1 所示。

1.1.2　电力骨干通信网

电力骨干通信网按照功能分为传输网（Transmission Network，TN）、业

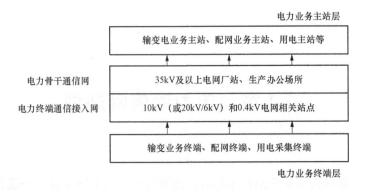

图 1-1　电力通信网层次结构

务网（Communication Business Network，CBN）和支撑网（Communication Support Network，CSN），如图 1-2 所示。

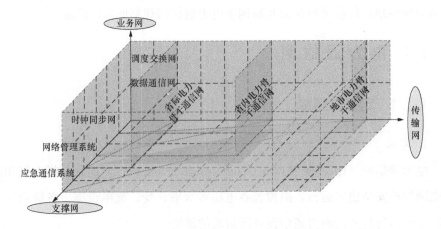

图 1-2　电力骨干通信网的内部关系

1. 传输网

传输网是实现各类业务信息传送的网络，负责节点连接并提供任意两点之间信息的透明传输，由传输线路和传输设备组成。电力骨干通信网从传输网维度按所辖地域可进一步划分成省际骨干通信网、省级电力通信网、地市骨干通信网三个层级，电力通信骨干通信网层次结构如图 1-3 所示。其中电网公司各级通信网一般在总部、分部、省公司、地市公司进行业务汇聚，是通信网第一汇聚点。为提高电力通信网容灾能力，确保第一汇聚点失效时调度电话、调度数据、管理信息数据等业务不受影响，选择本级通信网的其他站点进行业务汇聚，是通信网第二汇聚点。

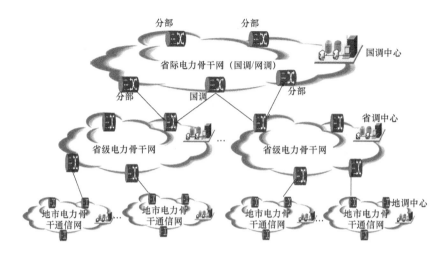

图 1-3　电力通信骨干通信网层次结构

（1）省际骨干通信网。省际骨干通信网（Provincial Back Bone Communication Network）指公司总部（分部）至省公司、直调发电厂及变电站以及分部之间、省公司之间的通信系统。省际骨干传输网主要覆盖公司总部、分部、省公司（含第二汇聚点）、国（分）调直调发电厂及变电站（换流站）等。省际骨干传输网按 GW-A、GW-B 双平面架构。生产控制类业务承载以 GW-A 平面为主，管理信息业务承载以 GW-B 平面为主。GW-A 平面采用 SDH 技术体制，核心环选用 10G 平台。GW-B 平面采用 OTN 技术体制。

（2）省级骨干通信网。省级骨干通信网（The Province of The Back Bone Communication Network）指电网省级（自治区、直辖市）电力公司至所辖地市电力公司、直调发电厂及变电站，以及辖区内各地市公司之间的通信系统。省级电力骨干传输网主要覆盖省公司、地市公司（含第二汇聚点）、省调直调发电厂及变电站等。省级骨干传输网在省内变电站数量大于 500 座时按 SW-A、SW-B 双平面架构，小于 500 座按 SW-A 单平面架构。生产控制类业务承载以 SW-A 平面为主，生产管理类业务承载以 SW-B 平面为主。SW-A 平面

3

采用 SDH 技术体制，核心环选用 10G 平台。SW - B 平面采用 OTN 技术体制。

（3）地市骨干通信网。地市骨干通信网（The City of Back Bone Communication Network）指电网地市公司至所属县公司、地市及县公司至直调发电厂和 35kV 及以上电压等级变电站等的通信系统。地市骨干传输网主要覆盖地市公司、县公司（含第二汇聚点）、地（县）调直调发电厂及变电站、供电所（营业厅）等。地市骨干传输网按单平面架构，采用 SDH 技术体制，主要覆盖地市公司，县公司、地（县）调直调厂站、供电所（营业厅）等。变电站数量大于 100 座时宜选择 10G 平台，小于 100 座时宜选择 2.5G 平台。

2. 业务网

业务网是向用户提供语音、视频、数据等通信业务的网络，包括数据通信网（Communication Data Network，CDN）和调度交换网（Scheduling Data Network，SDN）等。其中数据通信网主要承载调度管理、办公自动化、企业信息化、电力营销、视频监控等管理信息业务，覆盖公司各级厂站、各类生产运行场所；调度交换网（又称调度数据网）主要承载调度自动化、故障录波等生产控制类业务，覆盖各级调度机构及备调、各级调度直调厂站。业务网承载在传输网上，向用户提供电话、视频会议、以太网等通信业务服务。

3. 支撑网

支撑网是保障传输网、业务网正常运行的支撑系统，用于传递监控信号，增强网络功能，提高服务质量等。支撑网主要包括时钟同步网、网络管理系统和应急通信系统。

1.1.3 电力通信接入网

接入网（Access Network）按照 ITU - TG. 902 定义❶是由业务节点接口和

---

❶ 接入网可由三个接口界定，即网络侧经由业务节点接口（SNI）与业务节点（SN）相连，用户侧由用户网络接口（UNI）与用户终端设备相连，管理方面则经电信网相连的标准接口（Q3 接口）与电信管理网（TMN）相连。

用户—网络接口之间的一系列传送实体组成，为供给电信业务而提供所需传送
承载能力的实施系统，可经由管理接口配置和管理。接入网可以看成是与业务
和应用无关的传送网，主要完成交叉连接、复用和传输功能。电力通信接入网
也可称为电力终端通信接入网，按电压等级覆盖范围分为 10kV 通信接入网和
0.4kV 通信接入网两个部分，实现电力终端的通信接入。电力通信接入网网络
层次结构如图 1-4 所示。

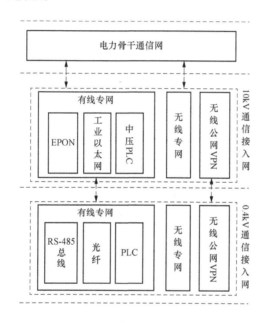

图 1-4　电力通信接入网网络层次结构

1.10kV 通信接入网

10kV 通信接入网（Communication Access Network）是变电站 10kV
（20/6kV）出线至配电网开关站、配电室、环网单元、柱上断路器、配电变压
器、分布式电源站点、电动汽车充换电站等的通信系统。10kV 通信接入网承
载配电自动化、电能质量监测、配电运行监控、配电变压器监测、分布式电源
控制等业务，并作为 0.4kV 通信接入网承载业务的上联通道。

2.0.4kV 通信接入网

0.4kV 通信接入网的范围为变压器 0.4kV 出线至用户表计、充电桩、营业

网点、电力光纤到户室内终端等，承载用电信息采集本地通信（用户表计至采集器、集中器）、电力需求侧管理、负荷监控、电能采集管理和充电桩管理等业务。0.4kV 通信接入网也可理解为电力用户接入网，在能源互联网背景下，与电力用户相关的业务将主要与 0.4kV 通信接入网相关，用于支持构建电力业务网络的泛在接入，承载能源互联网业务和新兴业务。

1.2 电力通信网规划概述

1.2.1 基本概念

1. 定义

通信网规划按照 CCITT《通信网规划手册》定义，是指为满足预期的需求和提供可以接受的服务等级，在恰当的地方、恰当的时间，以恰当的费用提供恰当的设备。也就是，通信网规划是在时间、空间、目标、步骤、设备和费用等方面，对未来做出一个合理的安排和估计。电力通信网规划简单来说是对通信网未来一段时间发展目标和步骤做出估计和决定，是对面向电力业务的通信网规划设计中的规划目标、需求预测、技术原则、技术经济分析等进行规范。

2. 规划原则

电力通信网规划应遵循先进性、整体性、标准化、经济性、差异化和安全性等设计原则。

（1）先进性原则：电力通信网规划设计应采用先进、成熟、适用的通信技术，满足电网安全生产等业务需求，并保持适度超前。

（2）整体性原则：电力通信网规划设计应作为一个整体进行规划，各层级间协调发展、资源共享，防止网络重复建设和资源浪费。

（3）标准化原则：电力通信网规划设计应遵循统一的技术体制与接口标准，减少信号转换环节，提高通信网运行效率。

（4）经济性原则：电力通信网规划设计应遵循经济性原则，充分挖掘现有通信技术和资源潜力，提高资产的使用效率，统筹考虑建设和运维成本，实现设备资产全寿命周期内整体成本最小化。

（5）差异化原则：电力通信网规划设计应实行差异化原则，充分考虑不同区域的电网发展水平、业务需求差异，合理确定电力通信网建设标准和目标。

（6）安全性原则：电力通信网应采取必要的安全防护措施，需满足国家发展和改革委员会《电力监控系统安全防护规定（国家发展改革委第14号令）》对电力企业信息安全要求。

3. 规划目标

电力通信网规划目标应全面覆盖各电压等级输变电设施、各级调度等电网生产运行场所，满足电网安全生产等业务对通信带宽及可靠性的要求，支撑智能电网发展。电力通信网规划指标见表1-1。

表1-1　　　　　　　　　　　电力通信网规划指标

指标类型	指标名称	计算公式
覆盖率	光缆覆盖率	某类厂站光缆覆盖率＝该类厂站电力光缆覆盖站点数量/该类厂站总数量
	传输网覆盖率	某类厂站传输网覆盖率＝该类厂站传输网已覆盖站点数量（含租用方式）/该类厂站总数量
	通信数据网覆盖率	某类厂站通信数据网覆盖率＝该类厂站通信数据网已覆盖站点数量（含租用方式）/该类厂站总数量
	调度电话覆盖率	某类厂站调度电话覆盖率＝该类厂站调度电话覆盖站点数量/该类厂站总数量
	10kV线路通信覆盖率	10kV线路通信覆盖率＝通信覆盖的10kV的线路条数/10kV线路总条数
	10kV站点通信覆盖率	某类10kV站点通信覆盖率＝该类通信覆盖的10kV站点数量/该类10kV站点总数量
	10kV站点通信光纤化率	某类10kV站点覆盖率＝该类通信覆盖的10kV站点数量/该类通信覆盖10kV的站点数量
带宽	传输网带宽	某传输网带宽＝该传输网主干环（链）线路侧光接口速率
可靠性	光缆双路由率	光缆双路由率＝某级厂站光缆双路由覆盖数量/某级厂站光缆双路由应覆盖总数量

4. 规划年限

电力通信网的规划年限应与国民经济发展规划和城市总体规划的年限一致，一般规定为近期（5 年）、中期（10 年）、远期（20 年）三个阶段。

（1）近期规划。近期规划应着重解决当前电力通信网存在的主要问题，逐步满足业务发展需要，提高业务传输可靠性；要依据近期规划编制年度计划，提出逐年改造和新建项目计划。

（2）中期规划。中期规划应与近期规划相衔接，着重将电力通信网结构及设施有步骤地过渡到规划网络，并对大型项目进行可行性研究、做好前期工作。

（3）远期规划。远期规划主要考虑电力通信网的长远发展目标，研究确定规划网络，使之满足远期电力通信网业务传输的需要。

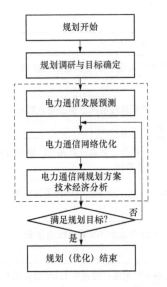

图 1-5　电力通信网规划内容步骤

1.2.2　规划内容

参照通信网规划的基本内容，电力通信网规划主要由电力通信发展预测、电力通信网络优化和电力通信网规划方案技术经济分析三部分内容组成。电力通信网规划内容步骤如图 1-5 所示。

1. 电力通信发展预测

电力通信网规划发展预测，主要包括与电力发展相关的经济环境对用电量的预测以及电力通信网业务需求预测，前者的预测可以参考国家统计局预测数据，后者是电力通信网规划的主要内容。

电力通信网业务需求预测是电力系统通信网规划设计的基础与依据，通过分析电力业务类型、流向及流量，可以科学规划电力通信网发展目标，明确技术路线，确定各级电力通信网络建设标准。电力通信网需求预测需要收集的资料一般应包括：①主网架、配电网、电网智能化规划与相关专项规划以及通信网网架结构的相关资料；②各通信站点需要传送的典型业务及各类业务所占带宽；③各类业务的数据峰值流量实测记录等。电力通信网需求预测应参考电网发展及通信网发展相关资料，兼顾承载在通信网上的各类业务的历史数据与发展需求，规范通信业务的分类、预测、统计标准。

电力通信网业务需求预测内容包括对电力业务需求分析和电力业务带宽需求预测两部分。电力业务需求分析包括电力业务种类的预测与业务通信服务质量（Quality of Service，QoS）要求预测，多为定性预测。电力业务带宽需求预测通常为定量预测，涉及的内容包括对规划地区所有电力业务总量、业务流量流向和传输带宽的预测。带宽需求预测是确定网络干线带宽的基本依据，是电力通信网络优化阶段网络架构设计、网络配置与优化的基础。

2. 电力通信网络优化

电力通信网的网络优化是针对特定组网网络内的网络资源按照特定优化规划目标（如覆盖率、带宽和可靠性）进行合理配置，实现网络在该优化目标下最优。电力通信网络优化本质上是数学最优化问题，在确定一系列业务和网络约束条件和优化目标函数基础上，以满足所有约束条件为前提，使得所有化目标函数达到极大或极小值。

电力通信网络优化通常的约束条件和优化目标为：在满足电力业务流量流向和服务等级要求的约束条件下，使网络建设费用达到最小或全网期望效应达到最大；或以上问题的对偶问题，以建网费用为约束，达到全网期望效应达到最大。电力通信网络优化问题可进一步划分成三个主要问题：①网络拓扑结构问题（Topology - design Allocation，TA）；②网络链路容量分配问题（Capacity Allocation，CA）；③网络流量分配问题（Flow Allocation，FA）。电力通信网络优化问题通常采用图论等最优化理论加以求解，也可采用蚁群算法、基因算法等智能算法进行启发式求解。

3. 电力通信网规划方案技术经济分析

电力通信网规划方案技术经济分析是指在评估期内对规划项目各备选方案进行技术比较、经济分析和效果评价，其目的是评估规划项目在技术经济上的可行性和合理性，为投资决策提供依据。技术经济分析需确定覆盖规模、可靠性、带宽容量与全寿命周期内投资费用的最佳组合。一般有两种评估方法：一是给定投资额度条件下选择配置最优方案；二是在给定网络条件下选择投资最小方案。技术经济分析的过程主要包括对规划项目各备选方案的技术经济指标进行评估，根据指标对备选方案进行比较、排序，寻求技术与经济的最佳结合点，确定最佳技术方案。

4. 电力通信网规划文本

一个典型电力通信网规划文本必须包含以下基本内容：

(1) 规划范围年限、规划依据和规划目标；

(2) 待规划的电力通信网现状分析；

(3) 面临的形势及存在问题；

(4) 电力通信网业务需求分析；

(5) 流量带宽预测（含通信站点业务构成及典型流量带宽测算模型，业务断面流量预测）；

(6) 规划原则（含规划原则与目标、技术政策）；

(7) 总体建设方案（含建设项目安排与分步实施规划）；

(8) 投资估算与经济成效分析。

1.3　能源互联网电力通信网规划面临的挑战

互联网推动社会进入网络经济时代，社会多要素共享已经成为新一轮科技竞争和产业革命的新业态和新模式。网络经济通过平台对接匹配供需关系改变了传统产业经营的模式。社会多行业依托互联网思维形成了产业新业态，以上新变化给传统电力行业带来了新挑战和新机遇。能源互联网是美国未来学家杰里米·里夫金在《第三次工业革命》中提出的一个重要概念，核心内涵是将互联网技术与可再生清洁能源相结合，将全球的电网变成一个庞大的能源共享网络，实现由集中式化石能源开发利用向分布式可再生清洁能源利用的深刻转变。在新一轮能源革命中，世界多个国家开展了能源互联网创新实践，许多项目都取得显著成效，尤其以德国"E‑Energy"项目（2008 年）、美国"FREEDM"项目（2008 年）和日本"智能能源共同体"项目（2010 年）最具代表性。此外，"工业 4.0"（2013 年）等概念和"中国制造 2025"（2015 年）、"'互联网＋'智慧能源发展"（2016 年）国家战略的提出，推动了能源互联网技术及其产业快速发展。

随着智能电网持续建设以及能源互联网兴起，电力通信网络规模不断扩大，网架结构日益复杂，电力系统由传统单一电能分配角色转变为集电能收集、电能传输、电能存储、电能分配和用户互动化为一体的新型电力交换系统节点，由此给电力通信网规划带来新的挑战。能源互联网电力通信网规划面临的挑战具体表现为：

（1）外部因素。以"大云物移智链❶"为代表的新一轮信息科技革命加速推动社会和产业变革，全球数字化进入全面渗透、跨界融合、加速创新、引领发展的新阶段。通信新技术已成为传统产业升级和新兴产业发展的核心驱动力及价值再造的先导力量。电力通信网在能源互联网背景下将是综合应用"大云物移智链"等通信新技术，与新一代电力系统相互渗透和深度融合，实时在线连接能源电力生产与消费各环节的人、机、物，全面承载并贯通电网生产运行、企业经营管理和对外客户服务等业务的新一代信息通信系统，是支撑能源互联网高效、经济、安全运行的基础设施。如何实现电力通信网与信通新技术的协同融合共生，有效支撑能源互联网下的新一代电力系统是亟待解决的问题。

---

❶ "大"是大数据，"云"是云计算，"移"是移动互联网，"物"是物联网，"智"是人工智能，"链"是区块链。

（2）内部因素。随着电网发展和数字化全面支撑业务发展的不断演进，现代电网对电力通信网的可靠性、稳定性、灵活性要求不断提升，电力通信网建设和发展面临巨大挑战和机遇。电力行业亟须建立开放、泛在、智能、互动、可信的电力通信网络，当前电力通信网存在通信资源缺乏整体调配，全域通信欠缺规划辅助平台，带宽预测缺少精准计算，成效分析缺失定量评估等问题，形成了从基础带宽预测到整体网架构建的一系列技术瓶颈和亟需攻克的技术难题。电力通信网规划亟需融入创新的规划理论与方法，充分满足能源互联网背景下电网各类业务通道有效性、可靠性和安全性要求，科学、规范指导通信网络规划建设，真正实现电力通信网全过程数字化管理。

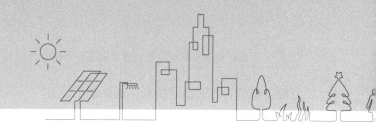

第2章　电力通信网规划理论

电力通信网是电网公司创新发展的重要基础，借助规划相关理论科学合理地制定电力通信网规划，既是推动电力通信网健康有序发展的重要保证，也是保障电网安全稳定运行、支撑企业高效运营、服务产业融合的必然要求。本章分别从应用于业务预测、网络规划的排队论和图论两方面阐述电力通信网规划的相关技术理论。

2.1　排队论

2.1.1　组成与要素

排队论是研究系统随机聚散现象和随机服务系统工作过程的数学理论和方法，是运筹学的一个分支，又称随机服务系统理论。排队论通过总结各种排队系统排队概率的规律，来解决有关排队系统的最优设计和最优控制问题。排队论主要应用在电力通信网规划过程的流量与带宽预测中。

1. 排队系统组成

排队系统是排队论研究的对象，在顾客与服务机构组成的排队系统或随机服务系统中，一般将要求服务的对象称之为"顾客"，提供服务的一方称之为"服务机构"。如图2-1所示，排队系统通常由输入过程、排队规则及服务机构这三个基本部分组成。顾客首先到达排队系统，如果服务机构空闲，顾客便立刻得到服务；若服务机构被占据，处于忙碌状态，则顾客就需要根据一定的排队规则在排队系统内排队等待，直到服务机构空闲。顾客接受服务完毕后，离开服务机构，此时也就离开了排队系统。

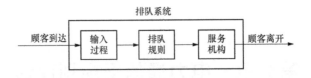

图 2-1 排队系统的基本组成

（1）输入过程。输入过程表示顾客到达规律，由顾客总体数、顾客到达方式、顾客流概率分布三部分组成。其中，顾客总体数是指顾客的来源，简称顾客源，有无限和有限之分。顾客到达方式是用来描述顾客到达系统的方式，是逐个到达还是成批到达。顾客流概率分布就是顾客逐个或成批到达排队系统的时间序列。顾客流的概率分布种类一般有定长分布、泊松流、二项分布以及爱尔朗分布等。

（2）排队规则。排队规则指到来的顾客按怎样的规定次序接受服务。可以从服务机构和顾客两个角度来描述排队规则：①服务机构何时允许、何时不允许排队；②顾客什么情况下愿意排队，又在什么情况下不愿意排队。服务机构的服务也是需要一定规则的，即顾客是按照什么样的顺序接受服务的，是先到先服务，后到先服务，还是随机服务或者有优先权的服务。电力通信网中一般采用顺序服务方式，少部分采用优先制服务方式。

（3）服务机构。服务机构就是指同一时刻有多少服务设施可接纳顾客，每一设备可接纳多少顾客，以及每一顾客服务多少时间。在服务设施方面，服务窗口的个数可以是一个或几个；在组织形式上，可以是并联或串联或循环的；在服务方式上，可以是单个服务或成批服务；在服务时间上，可以是定长分布、负指数分布、爱尔朗分布、一般分布等各种类型的分布。对于多个服务窗口的情形，各个服务窗口的服务分布可以参数不同或类型不同。

2. 排队系统三要素

任何排队系统都有窗口数目、顾客到达率和服务速率三个基本参量，被称为排队系统的三要素。

（1）窗口数目 m。窗口或服务员的数目表示有多少顾客在排队系统中可以同时接受服务。当 $m=1$，表示一个时间段内，最多只允许有一个顾客接受服务，将这样的系统称为单窗口排队系统；同理，当 $m>1$，就是多窗口排队系统。

（2）顾客到达率 λ。通俗地讲，顾客到达率就是单位时间内到达排队系统顾客数量的平均值。λ 不仅反映顾客到达排队系统的速度快慢，也反映了顾客对窗口服务时间的要求。λ 越大，单位时间内顾客数就越多，系统的负载就越重。

λ 的倒数称为平均到达时间间隔 $\overline{t}$，即 $\overline{t}=1/\lambda$。

（3）服务速率 μ。服务速率是指每个窗口单位时间内平均离开的顾客数。在 $m=1$ 的单窗口排队系统中，μ 可以直接用单位时间内平均离开的顾客数来表示排队系统的服务速率；在 $m>1$ 的多窗口排队系统中，令单个窗口单位时间内平均离开的顾客数为 μ，那么单位时间内，系统总的平均离开顾客数为 $m\mu$，此时系统的服务速率为 $m\mu$。

2.1.2　记号与指标

1. 排队系统分类记号

由于各类排队现象所处的环境及研究的问题各不相同，其系统结构、排队与服务规则有很大的差异，无法将其抽象成一个统一的模式来加以研究，因此，只好根据各种排队现象的特征，将其分门别类后再加以研究。1953 年英国皇家学会会员 D. G. Kendall（肯德尔）提出一种可以简明地描述排队论的各项参数的方法，一直被沿用至今，称为 Kendall 记号。

Kendall 记号规则为 "$X/Y/Z/A/B/C$"，其中 X 代表输入过程类型；Y 代表输出时间间隔分布类型，具体表达字母对应为 GI 代表一般独立分布，G 代表一般分布，Hk 代表超指数分布，Ek 代表爱尔兰分布，M 代表指数分布，D 代表常数分布；Z 代表服务机构或服务窗口的数量，Z 为正整数；A 代表顾客源的大小，一般情况下默认为无穷；B 代表排队系统容量，当排队系统满负载时，抵达顾客会直接离开系统；C 代表服务规则，具体表达为先到先服务 (First Come First Service，FCFS)、后到先服务 (Last Come First Service，LCFS)、有优先权服务 (PRiority，PR)、随机服务 (Service In Random Order，SIRO) 等。通常情况下，如果后三项省略的话，那么代表最大缓存容量无限，用户源无限，服务规则为先到先服务。

例如，按照上述记号规则，一个最简单的排队系统 $M/M/1$，表示服务窗口个数为 1，顾客相继到达时间间隔服从负指数分布，服务时间也服从负指数分布，系统容量为无限，允许无限排队。

2. 排队系统性能指标

排队系统性能指标包含排队长度、等待时间、服务时间、系统时间和系统效率。

（1）排队长度。排队长度是指当前情况下排队系统内顾客的数量，包括排队等待的顾客以及正在接受服务的顾客。显然排队长度是一个离散随机变量且取值是非负的，它与输入过程、窗口数目和服务时间均有关系。通常用 k 表示排队长度，k 的均值 L_s 称为平均队长。若用 L_q 表示平均等待队长，即系统内排队等待的顾客数量的平均值，用 $\bar{r}$ 表示正在服务的平均顾客数，则有 $L_s = L_q + \bar{r}$。

（2）等待时间。等待时间 W 是指顾客从到达排队系统到开始接受服务的时间间隔。W 是连续随机变量，平均等待时间 W_q 指的是等待时间 W 的统计平均值，是刻画排队系统性能的另一重要指标，故 W_q 越小越好。电力通信网中所描述的时延主要部分就是 W_q，也就是信息等待时间，而传输和处理等造成的时延一般为常量而且值都较小，有时可以忽略不计。

（3）服务时间。服务时间 τ 是指顾客被服务的时间间隔，起点是顾客开始接受服务的时刻，终点是顾客接受完服务后离开系统的时间。平均服务时间用 τ 的统计平均值 $\bar{\tau}$ 来表示，$\bar{\tau}$ 和窗口服务员的服务速率 μ 之间的关系为 $\bar{\tau} = 1/\mu$。

（4）系统时间。系统时间 s 表示的是顾客从到达系统开始到离开系统的时间间隔。s 的统计平均值称为平均系统逗留时间 W_s，显然 $W_s = W_q + \bar{\tau}$。

（5）系统效率。系统效率 η 表示的是窗口有服务的概率，也就是窗口占用率。若一个系统有 m 个窗口，某一时刻下，有 r 个窗口有顾客正在接受服务，r/m 就是占用率，此时的 r/m 是一个随机变量，其统计平均值可以用来表示系统效率，即 $\eta = \bar{r}/m$。显然，η 越大，表示系统内被占用的窗口数越多，资源的利用率也就越高。

2.1.3　典型排队论 $M/M/1/k$ 模型

本节以典型 $M/M/1/k$ 模型为例阐述排队论的完整过程，包括模型定义、组成和性能评价指标。

1. 定义

排队系统 $M/M/1/k$ 模型表示顾客相继到达时间间隔所服从负指数分布，服务时间也服从负指数分布，只有单个服务窗口且最大允许排队队长为 k。

2. 组成

在此单窗口服务模型中，顾客到来的间隔时间服从负指数分布，参数为 λ；服务时间是参数为 μ 的负指数分布；系统只有 k 个排队容量（又称 k 个截止队列长度），即当系统中已有 k 个顾客时，新来的顾客不再进入系统排队而立即离开另去他处寻求服务。这样，在任何情况下，排队长度均不会超过 k。$M/M/1/k$ 排队论系统模型如图 2-2 所示。

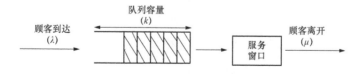

图 2-2　$M/M/1/k$ 排队论系统模型

3. 性能评价指标

评价 $M/M/1/k$ 模型的性能指标具体包括平均队长、平均等待时间、系统

时间、系统效率以及顾客被拒绝的概率。

（1）平均队长 L_s。令 $\rho = \lambda/\mu$ 表示业务强度，那么平均队长可表示为

$$L_s = \frac{\rho}{1-\rho} \frac{1 + k\rho^{k+1} - (k+1)\rho^k}{1 - \rho^{k+1}} \tag{2-1}$$

（2）平均等待时间 W_q 与系统时间 W_s。$M/M/1/k$ 模型队长受限，所以此排队系统是拒绝系统，系统的状态决定着到达顾客是否需要等待。假设系统当前等待顾客数为 i，且 $1 \leqslant i \leqslant k-1$，那么新到达的顾客就需要排队等待，直到该顾客前面的 i 个顾客均完成服务后，才能轮到该顾客接受服务。前面提到，一个顾客的平均服务时间为 $1/\mu$，那么 i 个顾客的平均服务时间就变成 i/μ，此时顾客到达系统的平均等待时间 W_q 为

$$W_q = \frac{1}{\mu} \frac{\rho}{1-\rho} \frac{1 - k\rho^{k-1} + (k-1)\rho^k}{1 - \rho^{k+1}} \tag{2-2}$$

系统时间 W_s 为

$$W_s = \frac{1}{\mu} \frac{1}{1-\rho} \frac{1 - (k+1)\rho^k + k\rho^{k+1}}{1 - \rho^k} \tag{2-3}$$

（3）系统效率 η。当顾客数 $i = 0$ 时，系统窗口空闲；当 $1 \leqslant i \leqslant k$ 时窗口始终处于繁忙状态，系统效率 η 可表示为

$$\eta = \rho \frac{1 - \rho^k}{1 - \rho^{k+1}} \tag{2-4}$$

（4）顾客被拒绝的概率 P_k。当系统最大允许排队数已满时，再来的顾客就会被拒绝，此时顾客被拒绝的概率 P_k 表示为

$$P_k = \frac{1-\rho}{1 - \rho^{k+1}} \rho^k \tag{2-5}$$

若 $\rho < 1$，且 $k \gg 1$，则式（2-5）可简化为

$$P_k \approx (1-\rho)\rho^k \tag{2-6}$$

表明 P_k 较小时，有限长 k 状态概率可按无限长排队来处理，这样处理不会明显影响排队统计特性。

当 $k = \infty$ 时，$M/M/1/k$ 模型将成为最简单的排队系统模型，即 $M/M/1/\infty$

模型。

2.2　图论

图论是以图为研究对象的一个数学分支。图论中的图是由若干给定的点及连接两点的线所构成的图形，图形通常用来描述某些事物之间的某种特定关系，用点代表事物，用连接两点的线表示相应两个事物间具有这种关系。图论主要应用在电力通信网业务路由规划。

电力通信网可抽象表示为各通信节点（端节点、交换节点、转接点）和连接各节点的传输链路相互依存的结合体，以实现两点及多个规定点间的通信体系。电力通信网的拓扑结构是电力通信网规划和优化中第一层次的问题，它既影响着网络的建设成本和维护费用，也对网络的可靠性等其他方面起着重要作用；从数学模型上看，可归入图论问题。本节分别介绍图论的基本概念，网络路由中用到的最短路径算法。

2.2.1　图的概念与性质

为便于将图论中的算法应用于网络的规划优化，下面介绍图论中的一些基本概念。

定义 1　一个图 G 定义为一个二元对 $\{V，E\}$，即 $G=\{V，E\}$，其中 V 是一个集合 $V=\{v_1，v_2，\cdots，v_i，\cdots，v_n\}$，元素 v_i 称之为顶点（或节点、端点）；E 也表示一个集合 $E=\{e_1，e_2，\cdots，e_k，\cdots，e_m\}$，元素 e_k 称之为边，指示 V 中两个元素之间的连接关系，图的抽象表示如图 2-3 所示。

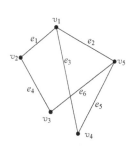

图 2-3　图的抽象表示

（1）子图。有图 $G=\{V，E\}$ 和 $G'=\{V'，E'\}$，若 $V'\subseteq V$，并且 $E'\subseteq E$，则称 G' 为 G 的子图。图与子图如图 2-4 所示。

（2）有限图与无限图。如果 V 和 G 都是有限集，则图 G 称之为有限图，否

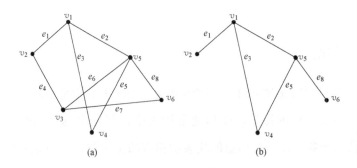

图 2-4 图与子图

(a) 图 *G*；(b) 子图 *G′*

则称之为无限图。电力通信网研究中遇到的都是有限图。

（3）有向图与无向图。若图 $G=\{V,E\}$ 的任一边对应有序点，则称图 *G* 为有向图；若对应无序点，则称图 *G* 为无向图。有向图和无向图如图 2-5 所示。

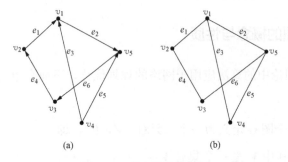

图 2-5 有向图和无向图

(a) 有向图；(b) 无向图

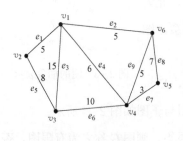

图 2-6 加权图

（4）加权图。若对图 *G* 的每边赋以实数，则称 *G* 为加权图（或有权图），所赋实数为边的权值。权值可以代表不同的含义，如距离、流量、费用等。给图赋以权值，就使图有了实际意义，从而可以用图论的方法来解决实际问题。加权图如图 2-6 所示。

（5）边序列、链、径和回路。有限条边的一种串序排列称为边序列，边序列中的各条边是首尾相连的。在边序列中，某条边可以重复出现，顶点也可以重复出现。没有重复边的边序列称为做链，在链中每条边只能出现一次，起点和终点不是同一顶点的链称为开链，起点和终点重合的链称为闭链，通常所说的链指的是开链，链中边的数目称为链的长度。既无重复边，又无重复顶点的边序列称为径，在径中每条边和每个顶点都只出现一次。起点和终点重合的径称为回路（或称为圈）。边序列、链、径和回路如图 2 - 7 所示，其中（v_1，e_4，v_5，e_9，v_6，e_9，v_5，e_8，v_4）为链，（v_1，e_4，v_5，e_9，v_6，e_5，v_2）为径，（v_1，e_4，v_5，e_9，v_6，e_7，v_1）为回路。

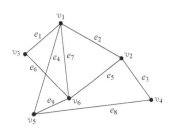

图 2 - 7　边序列、链、径和回路

（6）连通图和非连通图。若图 **G** 中任意两顶点之间至少存在一条径，则称 **G** 为连通图 [见图 2 - 8（a）]，否则为非连通图。图 2 - 8（b）中，{v_1，v_2，v_3} 和 {v_4，v_5，v_6} 之间没有径，因此是非连通图。电力通信网中研究的都是连通图。

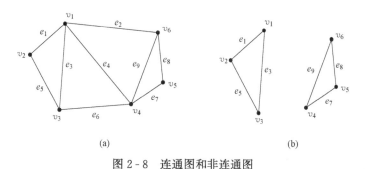

(a)　　　　　　　　　　　　(b)

图 2 - 8　连通图和非连通图

（a）连通图；（b）非连通图

2.2.2　树的概念和性质

定义 2　任何两顶点间有且只有一条径的图称为树。

（1）树枝、树干、树尖与树叶。树中的边称为树枝；若树枝的两个顶点都至少与两条边关联，则称该树枝为树干；若树枝的一个顶点仅与此边关联，则称该树枝为树尖，并称该顶点为树叶。树的抽象表示如图2-9所示。

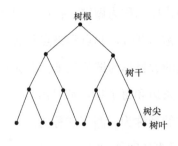

图2-9 树的抽象表示

（2）图的生成树。设G是一个连通图，T是G的一个子图且是一棵树，若T包含G的所有端点，则称T是G的一棵生成树（或称支撑树），图G和图G的生成树T，如图2-10所示。

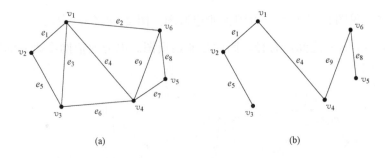

图2-10 图G和图G的生成树T

（a）图G；（b）图G的生成树T

（3）树的性质。

1）有n个点的树共有（$n-1$）条树枝。

2）树中任意两点之间只存在一条径。

3）树是连通的，但去掉任一边即不连通。

4）树无回路，但增加一条边便可得到一个回路。

2.2.3　典型最短路径算法

在电力通信网的规划优化中，许多问题都可转化为最短路径求解问题。例如，某一局到另一局要建设一条通信线路，可等效为找两点间以建设费用为权值的最短路径问题。又例如，在电力通信网结构确定后，任意两点之间的通信，首选路由是它们之间的最短路由，这也是求两点间最短路径的问题。

最短路径问题通常可以归为两类：一类是从起始点到其他各点的最短路径，另一类是起始点和所有任意两点间的最短路。第一种最短路径可以利用求最小生成树的算法直接求解。第二种情况需要利用一些其他的算法。常用的最短路算法有 Dijkstra 算法和 Warshall—Floyd 算法。Dijkstra 算法通常用于求从起始点开始到其他所有各点的最短路径。本节以典型最短路径算法（Dijkstra 算法）阐述图论的路由规划完整过程，包括算法思想、计算步骤和算例。

1. 算法思想

设 $G=\{V, E\}$ 是一个带权有向图，把图中顶点集合 V 分成两组，第一组为已求出最短路径的顶点集合 G_p，第二组为其余未确定最短路径的顶点集合 $G-G_p$。初始时 G_p 中只有一个源点，以后按最短路径长度的递增次序依次把 $G-G_p$ 中的顶点加入到集合 G_p 中，直到全部顶点都加入到 G_p 中，算法结束。在加入的过程中，总保持从源点 V 到 G_p 中各顶点的最短路径长度不大于从源点 V 到 $G-G_p$ 中任何顶点的最短路径长度。此外，每个顶点对应一个距离，G_p 中的顶点距离就是从 V 到此顶点的最短路径长度，$G-G_p$ 中的顶点距离是从 V 到此顶点只包括 G_p 中的顶点为中间顶点的当前最短路径长度。

2. 计算步骤

Dijkstra 算法是典型的单源最短路径算法，用于计算一个节点到其他所有节点的最短路径，主要特点是以起始点为中心，向外层层扩展，直至扩展到终点。具体步骤如下：

（1）初始化，G_p 只包含起点 s；$G-G_p$ 包含除 s 外的其他顶点，且 $G-G_p$ 中

顶点的距离为起点 s 到该顶点的距离。例如，$G-G_p$ 中顶点 v 的距离为 (s, v) 的长度，若 s 和 v 不相邻，则 v 的距离为∞。

（2）从 $G-G_p$ 中选出距离最短的顶点 k，并将顶点 k 加入到 G_p 中；同时，从 $G-G_p$ 中移除顶点 k。

（3）更新 $G-G_p$ 中各个顶点到起点 s 的距离。之所以更新 $G-G_p$ 中顶点的距离，是由于步骤（2）中确定了 k 是求出最短路径的顶点，从而可以利用 k 来更新其他顶点的距离。

（4）重复步骤（2）和（3），直到遍历完所有顶点。

3. 算例

以一个例子来描述 Dijkstra 算法。Dijkstra 算法拓扑示例如图 2-11 所示，是具有 5 个顶点的加权图，计算顶点 v_1 到其余顶点的最短路径。

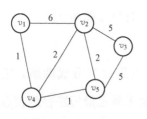

图 2-11　Dijkstra 算法拓扑示例

第 1 步，初始化距离，v_1 到自身的距离为 0，到其余顶点的距离为∞。

第 2 步，查找 v_1 的相邻顶点，这里对应的是 v_2 和 v_4，v_1 到它们的距离分别为 6 和 1，该距离小于∞，因此更新 v_1 到 v_2 和 v_4 的距离，用数值加下划线表示对上一步数值进行了更新；由于 v_1 →v_4 距离最短（数值标红），将以 v_4 为参考点，查找其相邻顶点并计算距离。

第 3 步，查找 v_4 的相邻顶点，这里对应的是 v_2 和 v_5，v_1 通过 v_4 到它们的距离分别为 3 和 2；由于 v_1 →v_4 →v_2 的距离小于 v_1 →v_4 距离，因此更新 v_1 到 v_2 的距离，同时更新 v_1 →v_5 距离；由于 v_4 的相邻顶点已经遍历，在其数值上划删除线表示后续将不再考虑此顶点；由于此时 v_1 →v_4 →v_5 的距离最短，将以 v_5 为参考点，查找其相邻顶点并计算距离。

第 4 步，查找 v_5 的相邻顶点，这里对应的是 v_2 和 v_3，v_1 通过 v_4、v_5 到它们的距离分别为 4 和 7；由于 v_1 →v_4 →v_5 →v_2 的距离 4 大于 v_1 →v_4 →v_2 的距离 3，因此不更新 v_1 到 v_2 的距离，但更新 v_1 →v_3 的距离；由于 v_5 的相邻顶点已经遍

历，在其数值上划删除线表示后续将不再考虑此顶点；由于此时 $v_1 \rightarrow v_4 \rightarrow v_2$ 的距离最短，将以 v_2 为参考点，查找其相邻顶点并计算距离。

第 5 步，查找 v_2 的相邻顶点，这里对应的是 v_3，v_1 通过 v_4、v_2 到它的距离为 8，由于 $v_1 \rightarrow v_4 \rightarrow v_2 \rightarrow v_3$ 的距离 8 大于 $v_1 \rightarrow v_4 \rightarrow v_5 \rightarrow v_3$ 的距离 7，因此不更新 v_1 到 v_3 的距离；由于 v_2 的相邻顶点已经遍历，在其数值上划删除线表示后续将不再考虑此顶点；由于此时 $v_1 \rightarrow v_4 \rightarrow v_5 \rightarrow v_3$ 的距离最短，将以 v_3 为参考点，查找其相邻顶点并计算距离。

第 6 步，查找 v_3 的相邻顶点，发现其相邻顶点均已遍历，因此结束迭代，得到 v_1 到其余顶点的最短路径。

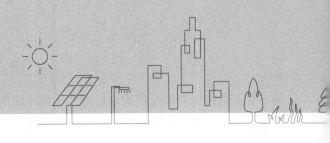

第3章 电力通信网需求与带宽预测

通信网需求预测是电力系统通信网规划设计的基础，包括业务需求分析和带宽需求预测两部分，是编制通信网络规划工程可行性研究和初步设计的重要部分。本章分别从业务需求分析和带宽需求预测两方面阐述电力通信网需求预测技术，首先梳理电力业务分类及其通信需求，然后介绍电力业务带宽预测模型与预测方法，最后阐述能源互联网背景下业务带宽预测新技术方法。

3.1 业务需求分析

3.1.1 业务分类

目前电力系统通信网所承载业务主要分为两大类：生产控制类业务和管理信息类业务，其中生产控制类业务大都是时分复用（Time Division Multiplexing，TDM）业务，管理信息类业务则大都是 IP 业务。承载生产控制类业务和管理信息类业务的通道之间要求物理隔离。

生产控制类业务位于安全区域Ⅰ、Ⅱ和Ⅲ区，主要包括为电力自动化、用电信息采集、分布式电源、电动汽车充电、配变监测、电能质量检测、配电运行监测、远动装置、线路继电保护及安全自动装置提供传输线路；为电力生产调度、电力企业行政管理提供电话服务；电力市场及调度信息发布等。这类业务对带宽要求不高（一般为 2Mbit/s），但对通信安全、稳定和时延非常敏感。

管理信息类业务位于安全区域Ⅳ区，主要包括各种管理信息系统（Management Information System，MIS)、生产 MIS、办公自动化（Office Automation，OA)、营销数据网、客户服务信息系统、企业资源管理（Enterprise Resource Planning，ERP）系统、财务业务系统和数据中心等，对带宽要求高（一般为 100Mbit/s)，但对时延不敏感。

电力通信网业务分类见表 3-1。随着技术的发展和演进，电力系统业务类型逐渐在向 IP 技术转变，基于 IP 的电力系统通信业务将不断增加；同时，原来传统的 TDM 业务需求也将仍然存在。

表 3-1 电力通信网业务分类

业务属性	安全区域	业务名称		
		语音	数据	多媒体
生产控制类业务	Ⅰ区		线路保护	
			安稳系统	
			调度自动化	
		调度电话		
			保护管理信息系统	
	Ⅱ区		安稳管理信息系统	
			广域相量测量系统	
			电量计量遥测系统	
			故障录波与双端测距	
			水调自动化	
			电力市场	
			网管系统	
			DMIS 系统	
			雷电定位监测系统	
	Ⅲ区			变电站视频监视系统
				输电线路铁塔视频监控
			光缆监测系统	
				通信机房监控系统
			电能质量监测系统	
				一次设备在线监测系统

续表

业务属性	安全区域	业务名称		
		语音	数据	多媒体
管理信息类业务	Ⅳ区			视频会议系统
		行政电话		
			行政办公信息系统	
			财务管理信息系统	
			营销管理信息系统	
			工程管理信息系统	
			生产管理信息系统	
			人力资源管理信息系统	
			物资管理信息系统	
			综合管理信息系统	
			INTERNET	
			容灾备份	
			企业驾驶舱	
			移动办公	

3.1.2 业务通信需求

业务通信需求主要包括业务的时延、可靠性和带宽需求三方面。

1. 时延需求

不同业务对传输时延的要求差别较大,其中继电保护等生产控制类业务对时延要求很高,而管理信息类业务的要求则相对较低,电力通信网承载业务时延指标见表 3-2。

表 3-2　　　　　　　　电力通信网承载业务时延指标

业务名称	时延指标
继电保护、直流控制保护、安稳系统、调度自动化远动（专线通道）、广域相量测量系统（监测信息）	≤30ms
广域相量测量系统（控制信息）、调度自动化主站互联、保护管理信息系统（继电保护远方修改定制）	≤100ms
调度电话、行政电话、视频会议	≤150ms
电能计量遥测系统、企业管理信息化业务	秒级
保护信息管理系统（故障录波信息管理）、安稳管理信息系统	分钟级

2. 可靠性需求

可靠性可以用多种指标来表示，这里用误码率对各业务的可靠性需求进行说明。电力通信网承载业务的可靠性需求见表3-3。

表3-3　　　　　　　　电力通信网承载业务的可靠性需求

业务名称	误码率指标
继电保护、调度电话（VoIP）、变电站视频监控系统、企业管理信息化业务、视频会议	$\leqslant 10^{-3}$
调度电话	$\leqslant 10^{-4}$
保护信息管理系统（故障录波信息管理）、安稳管理信息系统、雷电定位监测系统	$\leqslant 10^{-5}$
线路保护（220kV以上）、广域相量测量系统（控制信息）、电能计量遥测系统、调度自动化主站互联、保护管理信息系统（继电保护远方修改定制）	$\leqslant 10^{-6}$
安稳系统	$\leqslant 10^{-7}$
调度自动化远动（专线通道）、广域相量测量系统（监测信息）	$\leqslant 10^{-9}$

3. 带宽需求

不同业务及同种业务在不同承载方式下的带宽需求不尽相同，电力通信网承载业务的带宽需求分析见表3-4。

表3-4　　　　　　　　电力通信网承载业务的带宽需求分析

业务名称	带宽指标
线路保护、行政电话、广域相量测量系统（控制信息）、调度电话（VoIP）	<64kbit/s
调度自动化远动、保护管理信息系统（继电保护远方修改定制）、保护信息管理系统（故障录波信息管理）、安稳管理信息系统、电能计量遥测系统	64kbit/s
线路保护（220kV以上）、雷电定位监测系统、	64kbit/s～2Mbit/s
调度电话、直流控制保护、广域相量测量系统（监测信息）、安稳系统、调度自动化主站互联	2Mbit/s
视频会议、变电站视频监控系统、通信机房监视系统、容灾备份、企业管理信息化业务	>2Mbit/s

29

3.2　需求预测

通信网需求预测在整个电力系统通信网络规划中起着非常重要的作用，是通信网规划设计的基础和依据，其准确程度将会直接影响到规划的规模、发展和实用性。

3.2.1　需求预测原则

电力系统各级通信网业务需求预测应以电网公司生产业务及管理信息业务的发展特点、要求、趋势及未来应用规模为基础，参考电网发展及通信网发展相关资料，兼顾承载在通信网上的各类业务的历史数据与发展需求，做到满足近期、支撑未来、远近结合、符合实际、适度超前。

通信网业务需求应规范通信业务的分类、预测、统计标准，按照公司统一规定的测算方法、业务类别、基础流量、模型参数进行预测，保证全网业务需求预测的规范性、标准性与可比性。

3.2.2　需求预测重点

通信网需求预测过程中还需要重点考虑以下几个方面：

（1）收集完备的规划相关资料，需要收集的资料一般应包括以下内容：①主网架、配电网、电网智能化规划与相关专项规划以及通信网网架结构的相关资料；②各通信站点需要传送的典型业务及各类业务所占带宽；③各类业务的数据峰值流量实测记录等。

（2）骨干通信网。在满足传统电网生产业务（保护、安控、自动化及调度电话等）的基础上，充分考虑企业信息化发展对通信网容量的需求，结合电网公司企业未来各类业务系统的部署特点统筹考虑，尤其是集中部署、贯穿多级的业务，应统一考虑其部署模式对各级通信网容量的影响。

（3）终端通信接入网。在满足配电自动化业务需求的基础上，充分考虑分布式能源发展与应用，电动汽车充电设施发展趋势与规模，用电信息采集等业务特点和应用规模。

（4）注重各级通信网容量规划的协调发展，尤其是骨干通信网与终端通信接入网互联节点及各层级通信网互联节点，要避免因为容量规划不足而导致局部传输瓶颈。

（5）通信网业务需求预测要超前研究分析云计算、云终端、大数据、移动互联等新技术发展与应用对通信网业务预测与容量规划带来的影响，包括服务对象、技术环境、业务环境、市场环境和资金环境的变化情况。

3.3　电力业务带宽预测模型

带宽预测是确定电力通信网规划方案的重要依据，准确地预测带宽将有助于规划网络资源，以及及时进行扩展、升级和优化，从而避免带宽瓶颈和 QoS 的下降。

3.3.1　弹性系数带宽预测模型

电力业务带宽预测模型采用的是基于业务断面的弹性系数带宽预测模型，该模型由于其计算方法简单、直观，在实际工程中会经常用到。业务断面（Communication Network Service Section）是指两个通信实体节点间所有传输业务的总和，包括到两个节点终结的业务和经过两个节点传输的业务。具体每个业务断面都有两个相关的通信实体节点，每个业务断面包括所有类型的传输业务，业务断面容量流量模型如图 3-1 所示。

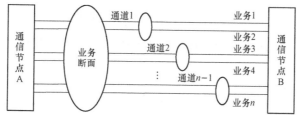

图 3-1　业务断面容量流量模型

业务断面弹性系数带宽预测是在直观预测带宽的基础上增加 1 个表示冗余的系数，具体公式如下：

$$B_{\mathrm{X}} = \sum (B_{\mathrm{A}} N \phi_1 \phi_2) \qquad (3-1)$$

式中：B_{X} 表示总带宽需求；B_{A} 表示业务净流量；N 表示链路数量；ϕ_1 表示冗余系数，也就是为业务预留备份通道和发展空间所需的弹性系数，取值大于等于 1，若网络本身具有自动路由选择功能，保护性能较强，且一般已考虑了冗余空间，可取值为 1，如果业务由于实时性和可靠性要求较高，一般会配置冗余通道，此时取值为 2；ϕ_2 表示并发比例系数，对于专线业务、实时性要求高的业务，并发比例均取 100%。

式（3-1）不仅适用于业务断面带宽预测，还可用于单个站点带宽测算。由于各方向业务种类基本相同，数量差别不大，因此估算时同类业务可取相同系数。应用时，可根据实际情况，对业务净流量、链路数量冗余系数、并发比例系数进行适当调整计算。

3.3.2 电力通信网的树状业务带宽模型

根据电力通信网总体网络架构及所支撑的业务对象，通信网分成三个层面，分别负责总（分）部、省公司、地市县公司三个层面的电网生产、经营、管理业务流量汇聚、传输与承载。电力通信网络树状业务带宽模型如图 3-2 所示。

各类业务节点之间的业务传输面即是业务断面。各层级断面带宽预测计算公式为

$$B_j = \sum B_{\mathrm{PM}}^j + B_{\mathrm{LMI}}^j + B_{\mathrm{MMI}}^j \qquad (3-2)$$

$B_{\mathrm{PM}}^j = \sum$（各电压等级变电站管理业务流量×变电站数量×可靠性系数×并发比例）

式中：B_j 为第 j 层断面带宽；B_{PM}^j 为第 j 层电网生产管理业务，可按式（3-1）计算；B_{LMI}^j 为第 j 层本部管理信息化业务，主要指本层级行政管理部门本部的

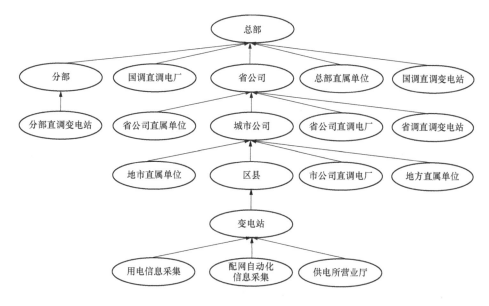

图 3-2　电力通信网络树状业务带宽模型

相关信息化及管理应用支撑保障的业务流量；B^j_{MMI} 为第 j 层汇聚管理信息业务流量，通常电网公司的信息化系统为两级部署模式，地市县、省公司、分部分别向相应的层级汇聚下层级的信息化业务，汇聚管理信息业务为所汇聚的各层级业务节点的流量总和。

3.4　电力骨干通信网带宽预测方法

本节介绍电力骨干通信网带宽预测方法，包括业务承载模式带宽预测、节点带宽预测和各层级断面带宽预测。

3.4.1　业务承载模式带宽预测

电力骨干通信网中各业务通常采用两类承载模式，即专线承载模式和 IP 模式。

对于专线承载模式，业务独享带宽，此类业务主要是电网生产控制类业务，对于安全性、可靠性要求较高，一般要考虑备用通道；且基于运行工作，还需要考虑一条通道故障，另外一条通道间检修情况下的运行方式，需要为专线业务在传输段上考虑一定的冗余备用容量。基于以上分析，在业务断面弹性系数带宽预测模型基础上，得到专线承载模式下的带宽预测模型

$$B_{\text{PL}} = B_{\text{A}}\,\phi_1 \qquad\qquad (3-3)$$

式中：B_{PL} 为专线带宽需求；B_{A} 为专线的业务净流量（或称基础流量）；ϕ_1 为冗余系数，一般取值为 2，即表示此类专线业务在保证主用通道的同时，要考虑一条备用通道。

对于 IP 模式，信息通道有多种业务共享带宽，业务流量不仅取决于单业务的流量，也取决于使用用户的数量及并发情况；同时，为了提高保障与服务的质量，通常需要考虑业务的可靠性要求及网络带宽利用率因素。基于以上分析，基于业务断面弹性系数带宽预测模型，得到 IP 承载模式下的带宽预测模型

$$B_{\text{IP}} = (B_{\text{A}}M\phi_1\,\phi_2)/U \qquad\qquad (3-4)$$

式中：B_{IP} 为 IP 模式下的带宽需求；B_{A} 为 IP 模式下的业务净流量；M 为用户数量；ϕ_1 为冗余系数，取值大于等于 1；ϕ_2 为并发比例系数；U 为带宽利用率，一般取值为 70%。

3.4.2 节点带宽预测

计算典型节点的业务流量对于在通信网规划设计中该节点配置的传输设备技术体制选择及容量规划具有非常重要的指导价值。电力通信网包括系统各类生产、管理、经营类业务节点，业务节点通过通信网进行信息、数据的传输和交换。因此，系统各类生产、管理、经营业务节点的出口业务流量是计算电力骨干通信网业务流量的基础。目前，电力通信网典型业务出口类型包括以下三类。

1. 电网生产业务典型出口类型

(1) 各级调度机构，包括国调、国调备调、分调、分调备调、省调、省调

备调、地调、地调备调。

（2）各电压等级变电站（包括国调直调变电站、分调直调变电站、省调直调变电站、地调直调变电站）、各级电网机构设置的集控中心，地市公司配电节点（包括配电变压器、开关站、环网柜、柱上开关、柱上变压器等）。

（3）各直调电厂，包括国调直调电厂、分调直调电厂、省调直调电厂、地调直调电厂。

2. 企业管理业务典型出口类型

（1）各级行政管理机构，包括公司总部、公司总部直属单位、公司总部专业公司，分部，省公司、省公司直属单位、省公司各专业公司，地市公司、地市公司直属单位、地市公司专业公司、县公司，县公司各级机构及部门的分支机构。

（2）三地灾备中心，包括北京灾备中心、上海灾备中心、西安灾备中心。

（3）客服中心，南客服中心、北客服中心。

（4）各省公司第二业务汇聚点。

3. 经营业务典型出口

经营业务的出口类别主要包括地市供电所和地市营业厅。由于节点类别与生产、管理的属性差异，每类节点具有不同的业务需求，但同类节点一般具有同质化的业务。典型节点的业务流量带宽计算公式为

$$B_i = B_{PL}^i + B_{IP}^i \qquad (3-5)$$

式中：B_i 为第 i 类典型节点的出口业务流量；B_{PL}^i 为第 i 类节点汇聚上联的专线业务流量；B_{IP}^i 为第 i 类节点汇聚上联的 IP 业务流量。

3.4.3　分级层面带宽预测

分级层面带宽预测包括三个层面，具体为总部层面业务断面带宽预测、省公司层面业务断面带宽预测和地市公司层面业务断面带宽预测。

1. 总部层面业务断面带宽预测

（1）总部—分部业务断面：为总部和分部之间往来业务的断面，既包括电

网生产业务，也包括企业信息化管理类业务。

（2）总部—省公司业务断面：为总部和具体某省公司之间往来业务的断面，既包括电网生产业务，也包括企业信息化管理类业务。

（3）总部—总部直属单位业务断面：为总部与直属单位之间往来的业务断面，主要是企业信息化管理类业务。

（4）总部—国调直调电厂业务断面。

（5）总部—国调直调变电站业务断面。

总部层面业务断面如图 3 - 3 所示。总部层面业务断面预测带宽按照电力业务带宽预测模型计算以上五个业务断面带宽，然后累加求和（$B_1 + B_2 + B_3 + B_4 + B_5$）计算获得。

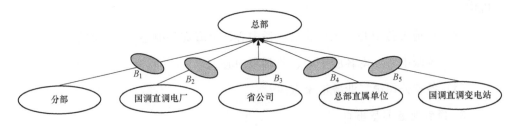

图 3 - 3 总部层面业务断面

2. 省公司层面业务断面带宽预测

（1）省公司—省公司直属单位业务断面：为省公司和直属单位之间往来业务的断面，主要包括企业信息化管理类业务。

（2）省公司—省调直调电厂业务断面：为省公司与省调直调电厂之间往来业务的断面，主要是电网生产类业务。

（3）省公司—省调直调变电站业务断面：为省公司与直调变电站之间往来的业务断面，主要是电网生产业务。

（4）省公司—地市公司：为省公司与地市公司之间的业务往来断面，包括电网生产业务及企业信息化管理类业务。

（5）省公司第二汇聚点—地市公司：为省公司第二汇聚点业务出口与各地

市公司之间的业务断面，当省公司节点出现故障的情况下，省公司所属的地市公司可以通过业务第二汇聚点访问部署在三地灾备中心的数据及应用系统，该断面上的业务主要是企业信息化管理类业务。

省公司层面的业务断面如图3-4所示。省公司层面业务断面预测带宽按照电力业务带宽预测模型计算以上五个业务断面带宽，然后累加求和（$B_1+B_2+B_3+B_4$）计算获得。

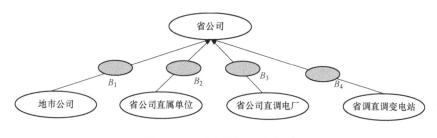

图3-4　省公司层面业务断面

3. 地市公司层面业务断面

（1）地市公司与直属单位之间的业务断面：主要是企业信息化管理类业务。

（2）地市公司—地调直调电厂业务断面：为地市公司与其直调电厂之间的业务往来断面，主要是电网生产业务。

（3）地市公司—地调直调变电站业务断面：为地市公司与其直调变电站之间的业务往来断面，主要是电网生产业务。

（4）地市公司—县公司：为地市公司与县公司之间的业务往来断面，包括电网生产业务及企业信息化管理类业务。

地市公司层面的业务断面如图3-5所示。地市公司层面业务断面预测带宽按照电力业务带宽预测模型计算以上五个业务断面带宽，然后累加求和（$B_1+B_2+B_3+B_4$）计算获得。

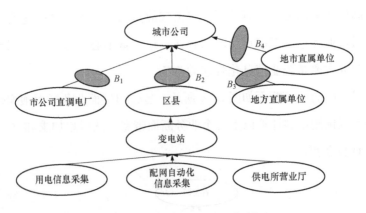

图 3-5　地市公司层面业务断面

3.5　电力通信接入网带宽预测方法

电力通信接入网即电力终端通信接入网，包括分为 10kV 通信接入网和 0.4kV 通信接入网两个部分。电力通信接入网带宽预测也采用业务断面的带宽预测模型。电力通信接入网（电力终端通信接入网）业务断面如图 3-6 所示，图中 $B_{31} \sim B_{34}$ 为配电业务终端到变电站的业务断面流量带宽，B_{35} 为用电业务和其他将扩展的配电业务到变电站的断面流量带宽；B_2 为变电站到区县汇聚点的

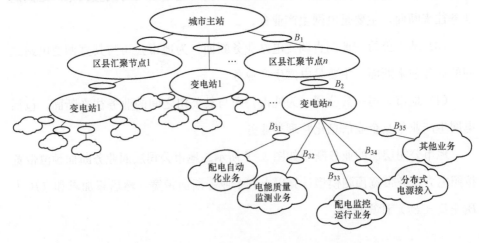

图 3-6　电力终端通信接入网业务断面示意图

断面流量带宽；B_1 代表区县汇聚点到地市主站、变电站到地市主站的断面流量带宽。下面介绍电力通信接入网中主要业务带宽预测方法。

1. 配电自动化业务带宽预测

配电自动化业务的流量包含 220/110/66/35kV 各电压等级 10kV 出线流量，流量模型中应考虑各电压等级的站点数量及每个电压等级下的线路数量，以 10kV 站点数据流量为基本数据流量，配电自动化业务带宽计算公式为

$$B_{a31} = \sum_{\text{站点类型}} (\text{站点数量} \times \text{线路数量} \times 10\text{kV 站点数据流量}) \quad (3-6)$$

2. 电能质量监测业务带宽预测

电能质量监测需采集每条线路的三相电压、三相电流 6 个信息，每个数据 2 个字节，共计 12 个字节，计及数据采集周期、数据记录周期及数据上送时长，业务流量带宽计算公式为

$$B_{a32} = n \times 12 \times Samp \times T_r/T_p \quad (3-7)$$

式中：n 为 10kV 线路数量；$Samp$ 为采样频率；T_r 为数据记录周期；T_p 为数据上送时长。

3. 配电运行监控业务带宽预测

配电监控运行业务流量包括视频监控业务、语音业务、数据业务通道流量，并计及每条 10kV 线路设置的监控点数量，业务流量带宽计算公式为

$$B_{a33} = (B_{\text{视频监控业务}} + B_{\text{语音业务}} + B_{\text{数据业务}}) N_{\text{监控点数量}} \quad (3-8)$$

4. 分布式电源接入业务带宽预测

分布式电源接入业务流量应依据每条 10kV 线路的接入点数及每个分布式电源接入采集的信息量计算业务流量，业务流量带宽计算公式为

$$B_{a34} = \sum_{\text{10kV 线路数量}} \sum_{\text{接入点数量}} B_{\text{接入系统流量}} \quad (3-9)$$

式中：$B_{\text{接入系统流量}}$ 应根据每个分布式电源系统采集的信息量计算。

5. 其他业务带宽预测

其他业务主要包括用电信息采集，如大型专用变压器用户、中小型专用变压器用户、三相一般工商业用户、单相一般工商业用户、居民用户、公用配电

变压器考核计量点的业务，以及智能用电小区（如小区配电自动化、电力光纤到户、智能用电服务互动平台、光伏发电系统并网运行、分布式电源控制、电动汽车充电桩管理、智能家居服务等）业务。以上业务带宽可参照业务断面的带宽预测模型原则进行计算。

3.6 能源互联网业务带宽预测方法研究

3.6.1 能源互联网业务带宽预测特征

随着能源互联网的发展，电网由传统单一电能分配角色转变为集电能收集、电能传输、电能存储、电能分配和用户互动化为一体的新型电力交换系统节点。电力通信网，尤其是电力接入网，支撑业务呈现为多业务复用和业务应用场景复杂特征，给业务带宽预测带来新的挑战。

当前配用电业务的通信范围更广，通信节点数量更多，通信频率更高，通信服务质量 QoS（如时延和丢包率）要求更高，需要应用统一的终端接入通信系统。一方面，在能源互联网框架下，配用电业务呈现终端数目增多、实时双向性增强，带宽成倍增多的特点；另一方面，配用电网的网架结构非常复杂，配用电业务应用场景复杂，更深化了统一建网以合理规划使用电力通信网资源的内在要求。随着电力系统的发展，能源互联网建设速度加快，从而推动了互联网与电力系统各领域深度融合和创新发展。

在能源互联网背景下，单一依靠带宽流量统计已不能满足现有业务对传输网和传输设备的需求，借助通信和网络相关理论（如排队论）对电力业务通信带宽流量进行科学量化预测，能够有效地解决网络拥塞，提高电力通信网络的利用率。

3.6.2 排队论业务带宽预测基本步骤

排队论通信带宽预测基本步骤包括业务 QoS 指标的排队论参数映射、业务排队论建模和排队论模型最优带宽求解。

首先，完成业务指标与排队论参数的映射关系。实现以排队论理论为基础，针对电力通信网业务进行有效的带宽预测，先要将所分析业务的服务质量参数（时延、丢包率等）映射为排队论参数。QoS 参数与排队论参数映射见表 3-5。其中，配用电业务的主要 QoS 指标包括时延和丢包率，也可扩展加入时延抖动。从排队论模型可知，当业务抵达速率和缓存队列长度恒定的时候，根据某个 QoS 指标的要求，能够算出唯一对应的业务处理速率（即临界带宽）μ 与之对应，通过该带宽 μ 计算出对应的 QoS 指标参数。

表 3-5　　　　　　　　　　QoS 参数与排队论参数映射

QoS 指标	排队论参数	参数代码
业务抵达速率	顾客抵达速率	λ
业务处理速率	服务员处理速率	μ
缓存队列长度	顾客队列上限	$m-1$
平均队列长度	队列内平均顾客数	L_s
平均时延	顾客平均逗留时间	W_s
丢包率	顾客直接离开概率	P_{loss}

其次，要针对相应的业务数据特性建立相应的排队论模型。排队论模型由 Kendall 记号表示为 X/Y/Z/A/B/C，其中任何参数的浮动变化或者类型变化都直接影响该排队系统的最终稳定状态。所以，在以排队论为理论基础做电力通信网带宽预测之前，必须分析其业务模型与服务模型，统计服务窗口数量，分析整个服务系统的容量上限，统计业务源是否无限；分析其服务顺序是否具备特殊的优先级，服从先到先服务还是后到先服务，抑或是随机服务方式。只有针对性地建立相应的带宽预测模型，才能精确分析带宽需求。

最后，根据建立好的排队论模型进行带宽最优化模型求解。在了确定了带宽预测模型所对应的排队论 Kendall 记号之后，就可以将现实工程数据参数转化为排队论参数了，建立相应的参数换算表格。根据带宽预测模型的 Kendall

记号各个参量之间的数量关系，分析预测带宽对业务 QoS 参数的影响。一般来讲，排队论模型在以平均顾客逗留时间和顾客损失率为约束条件的情况下，服务窗口的运作效率与业务输入速度呈非线性关系，存在相应的非线性规划方式求解临界条件。

3.6.3 电力通信接入网动态带宽预测方法

本节介绍用于配用电业务基于排队论的电力通信接入网动态带宽预测方法，包括排队论建模过程、最优带宽方法求解和算例分析。

1. 排队论建模过程

智能配用电信息采集业务数据传输在时间上是一个动态随机过程。根据排队论计算业务带宽的相关理论与方法，智能配用电信息采集业务数据到达通信节点或采集主站的处理过程类似排队论过程。因此，可以在带宽预测计算方法中加入数据采集业务动态到达特性因素，运用排队论 $M/M/1/k$ 模型将业务 QoS 指标与带宽相结合的方法计算带宽预测值，由此获得兼顾业务 QoS 要求和网络带宽利用率预测值 B_{queue}。电力通信接入网动态带宽预测方法包括三个基本步骤：

（1）配用电信息采集业务通信服务质量指标的排队论参数映射。将指定业务与排队论相关 3 个参数，包括业务基本流量（对应业务带宽峰值）、表征业务 QoS 要求的时延和误码率，映射转换为排队论中数据到达速率 λ、时延约束 C_T 和丢包率约束 C_{loss} 的过程。如电能采集业务的排队论业务抵达速率 λ 为业务基本流量 0.378Mbit/s，最大时延 $C_T = 1s$，最大误码率 $C_{loss} = 10^{-3}$，用电信息采集作为数据类业务，其时延抖动要求不考虑。

（2）配用电信息采集业务 $M/M/1/k$ 排队论建模。参照排队论理论，业务数据分组到达业务断面节点满足先进先出转发原则和缓存满则抛弃数据的存储原则，将配用电信息采集业务数据到达业务断面节点（如变电站通信节点）的通信过程按照 $M/M/1/k$ 排队论模型建模。以电能采集单一业务为排队论建模对象，将业务数据分组到达某一业务断面通信节点的过程描述为数据分组的到达、等待处理、转发处理的 $M/M/1/k$ 排队论过程。配用电信息采集业务 $M/M/1/k$ 排队论模型如图 3-7 所示。图中，λ 和 μ 分别为业务数据分组到达和转发速率；λ_e 为考虑丢包率的实际分组到达速率；k 为变电站通信节点缓存队列数目上限；L_s 和 T_s 分别为通信节点缓存队列等待转发数据分组的平均队列长度和平均时延。该模型中转发数据率 μ 对应带宽预测值 B_{queue}。

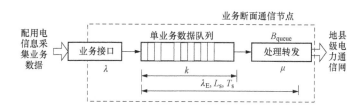

图 3-7　配用电信息采集业务 $M/M/1/k$ 排队论模型

（3）排队论业务 QoS 参数与可行带宽计算。按照 $M/M/1/k$ 排队论模型计算对应的时延和丢包率性能指标，若满足业务的 QoS 要求则可得到一个可行带宽预测值。记 $\rho=\lambda/\mu$，则 $M/M/1/k$ 排队论模型丢包率 $P_{loss}(\mu)$、时延 $T_s(\mu)$、时延抖动 $var(\mu)$、网络带宽利用率 $\eta(\mu)$ 分别按照式（3-10）～式（3-13）计算。

$$P_{loss}(\mu) = \rho^k P_0 = \rho^k \frac{1-\rho}{1-\rho^{k+1}} \tag{3-10}$$

$$\begin{cases} T_s(\mu) = L_s/\lambda_e \\ L_s = \sum_{n=1}^{k} n P_n = \frac{\rho}{1-\rho} - \frac{(k+1)\rho^{k+1}}{1-\rho^{k+1}} \\ \lambda_e = \lambda[1 - P_{loss}(\mu)] \end{cases} \tag{3-11}$$

$$var(\mu) = \sqrt{\sum_{n=1}^{k} P_n \left[\frac{n}{\mu} - T_s(\mu)\right]^2} \tag{3-12}$$

$$\eta(\mu) = \lambda_e/\mu \tag{3-13}$$

电能采集业务到达速率 λ 为 0.378Mbit/s；给定转发数据率 $\mu=0.53$Mbit/s（对应带宽利用率预测值 B_{queue}），业务断面通信节点缓存队列数目按照最小配置

设定为 $k=\lambda C_T=0.378\mathrm{Mbit}$。将以上参数分别带入式（3-10）～式（3-13）计算可得对应时延为 0.204s，丢包率为 $4.6\times10^{-6}\%$，网络带宽利用率 $\eta(\mu)$ 为 72.7%。因此，按照 0.53Mbit/s 分配带宽，能够满足电能采集业务 QoS 指标（最大时延 $C_T=1\mathrm{s}$、最大误码率 $C_{\mathrm{loss}}=10^{-3}$）要求，$B_{\mathrm{queue}}=0.53\mathrm{Mbit/s}$ 为满足电能采集业务 QoS 的带宽预测值，但非最优网络带宽利用率条件下的带宽预测值。

2. 最优带宽方法求解

通过构建以业务 QoS（丢包率、时延、时延抖动）为约束条件、网络带宽利用率最大化的排队论带宽计算模型，实现排队论最优预测带宽 $B_{\mathrm{queue-opt}}$ 计算。$B_{\mathrm{queue-opt}}$ 相应意义为满足业务 QoS 低于约束条件时，因分配带宽最小而使得带宽利用率达到最大值。最优化模型如下：

$$\begin{cases} \max_{\mu}\eta=\lambda_e/\mu \\ \mathrm{s.\,t.}\ \ P_{\mathrm{loss}}(\mu)\leqslant C_{\mathrm{loss}} \\ T_s(\mu)\leqslant C_T \\ var(\mu)\leqslant C_{\mathrm{var}} \end{cases} \quad (3-14)$$

式中：C_{loss} 和 C_s 分别为单业务许可丢包率和时延的最小值，其余参数变量定义同上节。

可通过求解以上最优化模型获得最优预测带宽 μ_{opt}。由式（3-14）可知，通过求解该最优化模型可以得到转发速率最优值 μ_{opt}，由此获得最优预测带宽值 $B_{\mathrm{queue-opt}}$（$B_{\mathrm{queue-opt}}=\mu_{\mathrm{opt}}$），此时带宽利用率达到最大值。按照以上模型计算电能采集业务最优带宽为 $B_{\mathrm{queue-opt}}=0.448\ \mathrm{Mbit/s}$，对应时延为 0.871s，丢包率为 $7.5\times10^{-3}\%$，网络带宽利用率为 85.7%，带宽利用率达到最优。动态带宽求解方法流程框图如图 3-8 所示。

3. 算例分析

按照上节所述的基于排队论的配用电信息采集业务带宽预测模型设计仿真实验，采用典型配用电信息采集业务数据为算例数据，并利用算例数据验证所

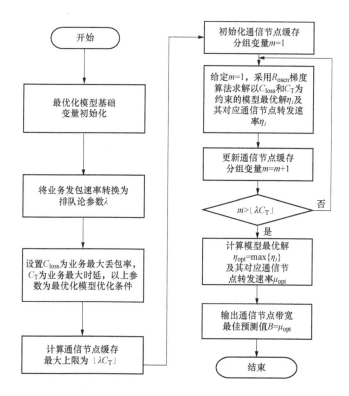

图 3-8 动态带宽求解方法流程框图

⌊ ⌋—向下取整函数符号

提方法的有效性。算例数据包括典型配用点信息采集业务带宽测算数据、智能配用电业务实时性和可靠性 QoS 要求。典型配用点信息采集业务带宽测算数据见表 3-6。智能配用电业务实时性和可靠性 QoS 指标见表 3-7。

表 3-6　　　　　　　　典型配用电信息采集业务带宽测算数据

业务 类型	应用 系统	单用户流量 （kbit/s）	用户 数量	并发比例 （%）	业务基本流量 （Mbit/s）
用电信息 采集点	电能采集	60	126	5	0.53
	电能质量管理	20	126	5	0.18
配电信息 采集点	设备状态监控	80	1	100	1.12
	分布式电源监控	21	32	10	0.09

续表

业务 类型	应用 系统	单用户流量 (kbit/s)	用户 数量	并发比例 (%)	业务基本流量 (Mbit/s)
营业所信息采集点	营销业务管理	60	30	60	1.51
	客户联络管理	60	30	60	1.51
	客服关系管理	60	30	60	1.51

注　业务基本流量＝每用户业务流量×用户数量×并发比例。

表 3-7　　　　　智能配用电业务实时性和可靠性 QoS 指标

时延	误码率	业务类型
30 ms	$\leq 10^{-6}$	继电保护（220 kV 及以上线路）、调度自动化远动、广域相量测量系统 PMU
秒级	$\leq 10^{-3}$	用电信息采集（电能采集、电能质量管理），配电信息采集（设备状态监控、分布式电源监控），营业所信息采集（营销业务管理、客户联络和关系管理）

　　实验主要参数设置：①业务的单用户流量、用户数量和并发比例按典型配用电信息采集业务数据为算例数据设置；②业务时延和丢包率按设置为最大时延 $C_T=1s$ 和最大误码率 $C_{loss}=10^{-3}$；③业务断面通信节点缓存队列数目 k 按照最小配置，设定为业务基本流量与最大时延的乘积（即 λC_T）。算例仿真平台按照配用电信息采集业务的拓扑结构搭建，如图 3-9 所示。

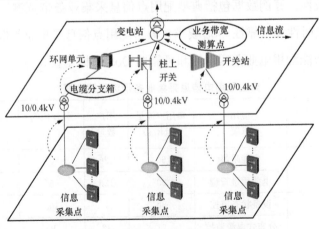

图 3-9　算例网络拓扑结构示意

（1）业务服务质量影响性实验与分析。以表3-6电能采集系统业务数据为算例数据，讨论业务带宽、服务质量与带宽资源利用率间的量化关系，阐述本节方法借助业务服务质量的量化评价，支持配用电信息采集业务根据带宽资源充裕度情况合理分配带宽的工程应用效果。按照本节方法预测带宽，带宽资源配置和通信节点传输性能 QoS 定量关系实验结果如图3-10所示。

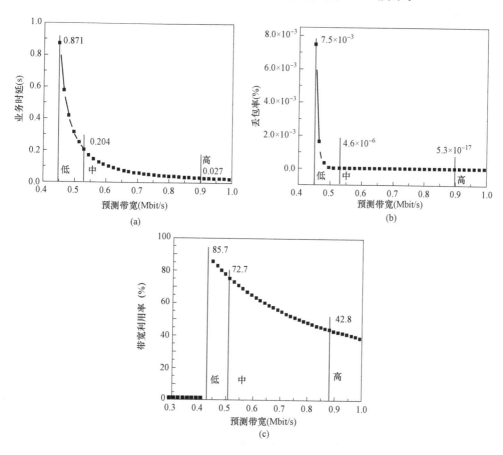

图3-10 预测带宽与网络性能关系

（a）业务时延；（b）丢包率；（c）带宽利用率

分析图3-10可得到：

1）时延指标是影响带宽利用率的主要因素，图3-10中曲线在不满足业务时延指标时带宽利用率被标记为0。

2）随着业务断面通信节点配置带宽增大，业务的时延和丢包率呈递增趋势不断提高，高于业务 QoS 需求，但带宽利用率呈递减趋势，表明可以通过带宽的有效配置来控制业务的 QoS 指标性能。

3）满足 QoS 要求的临界带宽为 0.448Mbit/s，当配置带宽高于临界带宽时，带宽利用率逐渐下降，说明为业务配置合理的通信带宽可以提高通信系统的有效性，节省通信资源。例如，在实际带宽配置中，可依据定量关系曲线，按照配用电通信网带宽资源充裕情况，制定高—中—低带宽配置策略，如高带宽配置带宽为 0.9Mbit/s，中带宽配置带宽为 0.53Mbit/s，低带宽配置带宽为 0.448Mbit/s。

（2）典型配用电信息采集点业务带宽计算分析。以表 3-6 描述的典型配用电信息采集业务数据为算例数据，与弹性系数法进行对比实验分析，实验结果见表 3-8 和图 3-11。

表 3-8 　　　　　　　　　　配用电信息采集业务预测带宽对比

业务流量类型	应用系统	预测带宽（Mbit/s）		本节方法对应的QoS指标和带宽利用率		
		弹性系数法	本节方法	时延（s）	丢包率（%）	带宽利用率（%）
用电信息采集点	电能采集	0.53	0.448	0.871	7.5×10^{-3}	85.7
	电能质量管理	0.18	0.176	0.611	7.4×10^{-4}	72.7
配电信息采集点	设备状态监控	1.12	0.904	0.785	1.3×10^{-9}	89.4
	分布式电源监控	0.09	0.075	0.940	5.9×10^{-8}	83.4
营业所信息采集点	营销业务管理	1.51	1.192	0.760	2.9×10^{-11}	90.6
	客户联络管理	1.51	1.192	0.760	2.9×10^{-11}	90.6
	客服关系管理	1.51	1.192	0.760	2.9×10^{-11}	90.6

由表 3-8 和图 3-11 中可知：

1）两种方法都可以满足信息采集业务的 QoS 指标要求。

2）相对于弹性系数法满足 QoS 指标的定性分析，本节方法在预测带宽的同时，支持业务 QoS 指标量化分析。以表 3-8 中电能质量管理业务为例，弹性系数法预测带宽为 0.18Mbit/s，满足业务的 QoS 要求；本节方法在最优预测带宽

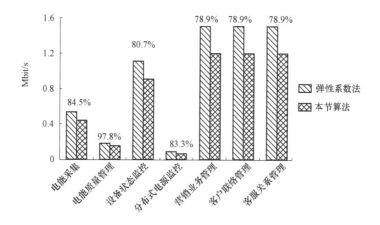

图 3-11　配用电信息采集业务预测带宽比值

注：比率＝本节方法/弹性系数法×100%

0.176Mbit/s 下，业务 QoS 的时延和丢包率指标可定量为 0.611s 和 $7.4×10^{-4}$%。

3）3 本节方法预测的配用电信息采集业务带宽均小于弹性系数法预测带宽，图 3-11 中与弹性系数法的比率为 78.9%～97.8%，说明在满足业务 QoS 要求的情况下本节方法可进一步减少带宽资源配置，这是将信息采集业务动态到达特性因素用于带宽预测所得到的合理结果。

综上，针对电力现行的弹性系数法带宽资源利用率较低的问题，提出基于 $M/M/1/k$ 排队论模型的业务通信带宽计算方法，算例验证了该方法在保证业务 QoS 条件下能有效提高网络带宽利用率。

3.6.4　变电站业务断面汇聚带宽预测方法

本节介绍用于配用电业务的、基于排队论的变电站业务断面汇聚带宽预测方法，包括混合业务排队论建模过程、最优带宽算法求解和算例分析。

1. 混合业务排队论建模过程

根据中低压电力通信接入网业务流量测算模型，配用电网业务将通过变电站通信汇聚节点接入到地县级电力通信主干网。当多种业务流到达变电站，在变电站业务断面上则构成包含四个基本业务类（语音流、数据流、视频流和多媒体流）的汇聚流。变电站业务断面的业务汇聚处理流程框图如图 3-12 所示。

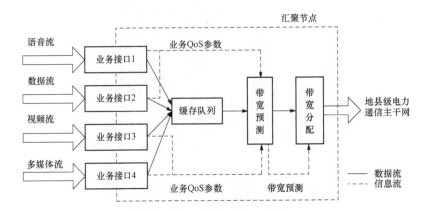

图 3-12　变电站业务断面的业务汇聚处理流程框图

图 3-12 中作为电力通信网汇聚节点的变电站通过业务接口接收四类业务数据流，业务流数据分组进入汇聚节点缓存区等待转发则构成汇聚流；汇聚节点根据不同业务 QoS 指标分配带宽以满足其业务要求。相关研究表明，网络汇聚流存在自相似特性，考虑到智能配用电变电站业务断面的混合业务流为汇聚流而具有一定的自相似特性，因此在选择带宽预测模型时，应兼顾业务到达的汇聚特性和业务自身的 QoS 特性，如时延和丢包率等。

参照传统排队论建模和混合业务汇聚流分析方法，以变电站业务断面为对象，在电力业务断面的带宽预测方法基础上，构建包含四类基本业务的混合业务汇聚流的排队论模型，如图 3-13 所示。

图 3-13 中变电站通信汇聚节点（简称汇聚节点）负责转发配用电四类业务数据分组。每类业务数据分组按照泊松分布到达，到达时间间隔服从指数分布；汇聚节点按照先进先出排队处理方式转发数据分组，转发时间服从指数分布。变电站业务断面汇聚带宽预测模型构建如下：

（1）混合业务流数据分组到达速率。设四类业务到达汇聚节点的数据分组到达时间间隔服从泊松分布，数据分组到达平均速率分别为 λ_1、λ_2、λ_3 和 λ_4

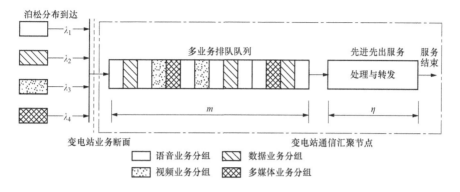

图 3-13　业务断面的混合业务排队论模型

（单位：bit/s），数据分组到达概率分别为 p_1、p_2、p_3 和 p_4。设汇聚节点的混合业务数据分组到达速率为 λ（单位：bit/s），参照自相似业务流排队论分析，则 λ 服从四阶超指数分布（简记为 H_4 分布），其对应概率密度函数为

$$f(t) = \sum_{i=1}^{4} p_i \lambda_i \mathrm{e}^{-\lambda_i t}\,(t \geqslant 0) \qquad (3-15)$$

$$\lambda_i > 0 \text{ 和 } p_i > 0 \text{ 且} \sum_{i=1}^{4} p_i = 1$$

式中：i 代表四种业务类型序号，取值为 1~4。

混合业务数据分组平均到达速率 $\bar{\lambda}$ 是以上 H_4 分布的数学期望为

$$\bar{\lambda} = E(\lambda_i) = 1 / \sum_{i=1}^{4} p_i / \lambda_i \qquad (3-16)$$

（2）汇聚流带宽预测的混合业务排队论模型。按照排队论分析原理与标记规则，混合业务流到达汇聚节点速率为 λ，满足 H_4 分布。汇聚节点按照先进先出方式进行数据分组转发，转发速率为 μ（单位：bit/s），服从指数分布。汇聚节点缓存配置为 m（单位：bit），则混合业务排队论模型可标记为 $H_4/m/1/m$。汇聚流带宽预测的混合业务排队论模型的系统性能参数定义如下：①分组实际到达速率为 λ_e；②汇聚节点的分组平均排队长度为 L_s；③汇聚节点的分组丢包率为 P_{loss}；④汇聚节点的分组时延为 T_s；⑤系统利用率为 η。可得 QoS 指标如下：

$$\lambda_e = \bar{\lambda}(1 - P_{loss}) \tag{3-17}$$

$$L_s(\mu) = \sum_{i=1}^{m} i\gamma aR^{m-i+1}e \tag{3-18}$$

$$P_{loss}(\mu) = \gamma aRe \tag{3-19}$$

$$T_s(\mu) = \frac{L_s}{\lambda_e} \tag{3-20}$$

$$\eta = \frac{\lambda_e}{\mu} \tag{3-21}$$

式中：$\bar{\lambda}$ 为混合业务数据分组平均到达速率；a 为到达概率向量，$a = [p_1, p_2, p_3, p_4]$；I 表示 4 维单位矩阵，其他参数为

$$e = [1,1,1,1]^T \tag{3-22}$$

$$\gamma = [aR^m(-\mu T^{-1})e + \sum_{j=1}^{m} aR^j e]^{-1} \tag{3-23}$$

$$R = \mu(\mu I - \mu ea - T)^{-1} \tag{3-24}$$

$$T = \begin{bmatrix} -\lambda_1 & 0 & 0 & 0 \\ 0 & -\lambda_2 & 0 & 0 \\ 0 & 0 & -\lambda_3 & 0 \\ 0 & 0 & 0 & -\lambda_4 \end{bmatrix} \tag{3-25}$$

时延 T_s 和丢包率 P_{loss} 是转发速率 μ 的函数，记为 $T_s(\mu)$ 和 $P_{loss}(\mu)$。依据排队论平衡状态下节点转发速率与到达速率相等的规律，则变电站通信汇聚节点的最小通信带宽应与转发速率 μ 相等，即 $B \geqslant \mu$。

2. 最优汇聚带宽方法求解

在通信业务的 QoS 要求中最主要的参数包括有效传输速率、丢包率和时延，不同业务的 QoS 参数阈值要求不同。结合混合业务汇聚流排队论带宽预测模型，分别用 μ、和 $T_s(\mu)$ 和 $P_{loss}(\mu)$ 表示变电站汇聚节点的有效传输速率、丢包率和时延，用 η 来表示汇聚节点通信网络带宽利用率。假设汇聚节点缓存硬件按照完全满足数据分组缓存需要的高配置，从而变电站业务断面汇聚流最优带宽预测模型为

$$\begin{cases} \max\limits_{\mu} & \eta = \dfrac{\lambda_e}{\mu} \\ \text{s. t.} & P_{\text{loss}}(\mu) \leqslant C_{\text{loss}} \\ & T_s(\mu) \leqslant C_s \end{cases} \qquad (3-26)$$

式中：C_{loss} 和 C_s 分别为四类基本业务许可丢包率和时延的最小值，其余参数变量定义同上节。

以上最优带宽预测模型可采用 Rosen 梯度非线性规划算法进行求解有效传输转发速率 μ 的最优解 μ_{opt}。即当变电站汇聚节点最优预测带宽为 μ_{opt} 时，汇聚节点通信带宽利用率 η 达到最大。业务断面汇聚流最优带宽预测算法流程框图如图 3-14 所示。

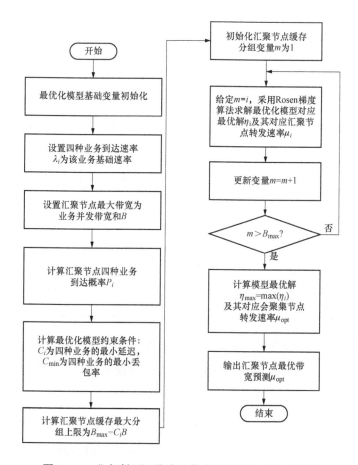

图 3-14 业务断面汇聚流最优带宽预测算法流程框图

3. 算例分析

为讨论变电站业务断面汇聚带宽预测方法的带宽预测性能，采用表3-9中参数进行实验，对比方法为电力现行采用的直观预测和弹性系数相结合的带宽预测方法（简称弹性系数法）。

表3-9 业务汇聚的断面带宽预测 QoS 实验参数

业务类	时延（s）	丢包率（%）
语音类	$\leqslant 0.1$	$\leqslant 3$
数据类	$\leqslant 2$	$\leqslant 1$
视频类	$\leqslant 1$	$\leqslant 5$
多媒体类	$\leqslant 3$	$\leqslant 2$

本节采用弹性系数法设计，某省电力公司典型地市公司与某直调变电站的业务断面带宽预测（未包括专线业务）见表3-10。表中通过变电站业务断面的混合业务最大流量带宽为 $4 \times 100\% + 10 \times 20\% + 20 \times 25\% + 10 \times 10\% = 12$（Mbit/s），弹性系数法在考虑业务可靠性要求的预测带宽为18Mbit/s，则其理论最大带宽利用率为 66.67%（最大带宽利用率＝最大并发流量带宽/预测带宽＝12M/18M＝66.67%），实际运行中带宽利用率应低于 66.67%。

表3-10 地市公司与某直调变电站的弹性系数法业务断面带宽预测

业务类别	服务内容	业务流量（Mbit/s）	通道数量	可靠性要求	并发比例	小计（Mbit/s）
语音	行政电话	4	2	1	100%	8
数据	配用电数据	10	2	1	20%	4
视频	变电站视频监控	20	1	1	25%	5
多媒体	生产信息系统	10	1	1	10%	1
总计						18

按照所提最优带宽预测方法，以四类业务对应的业务流量作为变电站汇聚节点的到达速率，计算可得变电站业务断面的预测通信带宽及其网络性能（含 QoS 指标和带宽利用率）关系。

图3-15所示为汇聚节点带宽与网络性能关系图，其中网络效率为 0 曲线段表示汇聚节点带宽不满足 QoS 丢包率要求。由图可以发现：

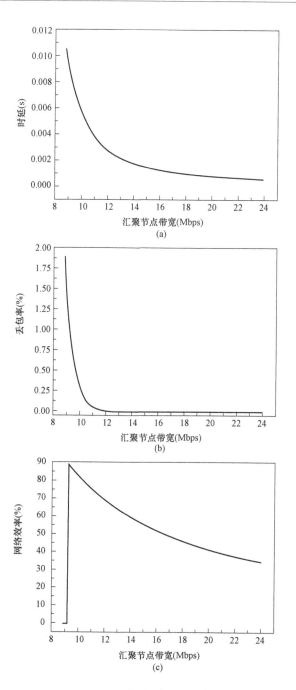

图 3 - 15　汇聚节点带宽与网络性能关系图

（a）业务时延；（b）丢包率；（c）带宽利用率

（1）随着汇聚节点带宽的增大，业务时延明显减少和业务丢包率明显下降，说明可以通过适当增加汇聚节点带宽配置来改善业务 QoS 指标；

（2）当汇聚节点带宽低于 9.28Mbit/s 时，混合业务流丢包率将高于 1‰ 的最低丢包率指标，说明当通过汇聚节点转发总流量一定时（本算例为 44Mbit/s），汇聚节点带宽配置有最低要求，低于最低带宽配置要求将导致业务的 QoS 指标急剧恶化；

（3）随着汇聚节点带宽的增大，带宽利用率逐渐下降，在满足业务时延和丢包率要求前提下带宽从 9.28Mbit/s 增加到 18Mbit/s 过程中，带宽利用率从 88.51％ 下降到 46.03％，说明合理的带宽配置能够在满足业务 QoS 要求下提高网络带宽利用率；反之，则带来带宽配置浪费。

表 3-11 为弹性系数法与所提带宽预测方法的预测带宽以及网络性能数据比较。

表 3-11　　　　采用本节方法预测省公司某直调变电站的带宽

方法	预测带宽（Mbit/s）	带宽利用率（％）	时延（s）	丢包率（％）
弹性系数	18	66.67（最大）	满足	满足
汇聚带宽预测方法	9.28	88.51	0.008 3	0.96

注　时延 $T_s \leqslant 0.1s$，丢包率 $P_{loss} \leqslant 1\%$。

在满足汇聚节点总流量 44Mbit/s 及其 QoS 指标（时延 $T_s \leqslant 0.1s$ 和丢包率 $P_{loss} \leqslant 1\%$）前提下，由表可以发现：

（1）业务断面汇聚带宽预测方法预测带宽为 9.28Mbit/s，弹性系数法预测带宽为 18Mbit/s。

（2）业务断面汇聚带宽预测方法以最优化带宽利用率为优化目标带宽利用率为 88.51％，较弹性系数法理论最大网络效率值 66.67％ 高出 21.84％。

（3）较弹性系数法局限于满足业务 QoS 指标的定性分析，即在最佳预测带宽 18Mbit/s 条件下，满足业务的时延和丢包率要求；业务断面汇聚带宽预测方法支持业务 QoS 指标的量化分析，即在最佳预测带宽 9.28Mbit/s 条件下，业务的时延和丢包率分别为 8.3ms 和 0.96％。

以上结果表明因同时考虑业务流量动态特性和采用最优化理论建模分析，业务断面汇聚带宽预测方法支持带宽预测过程中的定量分析。

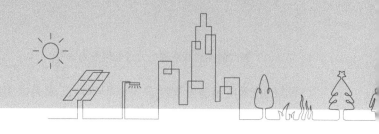

第4章 电力骨干通信网规划

电力骨干通信网规划是电力通信网规划的组成部分之一，在网络规划阶段主要包括规划技术原则、省际骨干通信网规划、省内骨干通信网规划和地市骨干通信网规划四部分。本章分别从规划目标内容和网规划实现方法两方面阐述电力骨干通信网规划，首先介绍电力骨干通信网组网技术，然后阐述省际、省内和地市的电力骨干通信网规划方法，最后阐述能源互联网下电力骨干通信网络深度规划。

4.1 电力骨干通信网组网技术

4.1.1 电力骨干通信网组网主要技术

电力骨干通信网组网采用的主要技术主要包括同步数字体系（Synchronous Digital Hierarchy，SDH）技术、多业务传送平台（Multi - Service Transport Platform，MSTP）技术、光传送网（Optical Transport Network，OTN）技术和分组传送网（Packet Transport Network，PTN）技术。

1. SDH 技术

SDH 是为不同速率数字信号传输提供相应等级的信息结构，包括复用方法和映射方法，以及相关同步方法组成的技术体系。SDH 的技术特征是将复接、线路传输及交换功能融为一体，并由统一网管系统操作，支持综合信息传送；通过 SDH 网络单元构成通信传送网络，在光纤上实现同步信息传输、复用、分插和交叉连接，支持低速支路信号复接为高速信号。SDH 技术作为光纤通信技术应用与发展的重要里程碑，已成为电力骨干通信网重要组成部分。SDH 构成的通信网络通常由光纤及其连接的终端设备 TM、分插复用器（Add-Drop Multiplexer，ADM）、数字交叉连接设备（Digital cross Connect equipment，DXC）等网络单元构成。其中，TM 实现复接/分接和提供业务适配功能；ADM 通过分接操作，实现输入信号承载分成直接转发或卸下给本地用户、信息通过复接操作将转发部分和本地上送部分合成输出的功能；DXC 通过适当配置，实现不同端到端连接的功能。

2. MSTP 技术

MSTP 技术是基于 SDH 平台，同时实现 TDM、ATM、以太网等业务的接入、处理和传送，提供统一网管的多业务传送平台。MSTP 的技术特征是将传统的 SDH 复用器、数字交叉链接器（DXC）、WDM 终端、网络二层交换机和 IP 边缘路由器等多个独立的设备功能实现集成，进行统一控制和管理。MSTP 的核心内涵是 IP over ATM（异步传输模式上传送 IP）或 IP over SDH（光同步传输模式上传送 IP），将多种不同业务通过 VC 级联等方式映射进不同的 SDH 时隙，具有内嵌式 RPR 与内嵌式 MPLS 功能，支持波分复用（Wavelength Division Multiplexing，WDM）和密集型光波复用（Dense Wavelength Division Multiplexing，DWDM）扩展。MSTP 技术适用于电力通信业务中 TDM 业务为主兼有部分 IP 业务的场景，具有较低的时延和较高的可靠，能够为电力系统的调度自动化、线路保护、视频、语音等业务提供了安全可靠传输通道。

3. OTN 技术

OTN 技术是以波分复用（WDM）技术为基础、在光层组织网络的新一代骨干传送网技术。OTN 的技术特征是综合了 SDH 特征和 DWDM 带宽可扩展性，将 SDH 的 OAM&P 功能移植到 DWDM 光网络；解决传统 WDM 网络无波长/子波长业务调度能力、组网能力弱、保护能力弱等问题，同时还具有 SDH 可操作、可管理、电交叉的能力。OTN 技术主要用于构建省际电力通信骨干网和省级电力骨干网，用于建设大容量骨干光传输网，为电网公司多个业务网（调度数据网和数据通信网）提供底层传输承载网支持。

4. PTN 技术

PTN 技术是一种以分组业务为核心、面向连接并支持多业务提供的高效传输技术。PTN 技术基于分组交换的交换/转发内核，支持多业务接入和转发能力，满足 TDM、ATM、IP 业务的统一接入，支持频率同步和高精度的时间同步，可解决传统 SDH/MSTP 传送网无法适应分组业务大规模应用技术不足。现有电网建设的 PTN 网络主要用于传送变电站图像监控、行政视频会议、应急指挥、营销、办公信息自动化、配网用电等数据类业务。

4.1.2 电力骨干通信网性能比较

1. 技术业务适应性比较

以电力系统保护业务为例，对 MSTP、PTN 和 OTN 进行时延的影响性比较，开展节点距离与系统保护时延关系的仿真实验对比。参照现有系统运行现状，实验采用级联网络拓扑，如图 4-1 所示。

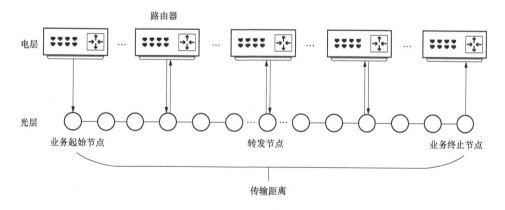

图 4-1 级联网络拓扑

基于现有运行系统参数，仿真实验参数包含 OTN 技术、PTN 技术和 MSTP 技术的实验参数，见表 4-1。

表 4 - 1　　　　　　　　　　　　　　仿真实验参数

参数	OTN	MSTP	PTN
单位距离的光缆时延 $T_G(\mu s)$	5	5	5
直通时延 $T_z(\mu s)$	200	60	50
映射时延 $T_y(\mu s)$	40	110	—
映射时延 $T_q(\mu s)$	40	110	—
源端设备分组封装时延 $T_f(\mu s)$	—	—	100
宿端设备抖动缓存时延 $T_t(\mu s)$	—	—	100
通信距离（km）	300～4000		
通信节点数（个）	2～28		

　　节点通信距离与系统保护时延关系如图 4 - 2 所示。图中，x 坐标轴为系统保护通信节点数（含起点节点和终点节点），范围为 2～28；y 坐标轴为系统保护起点节点和终点节点间的通信距离，范围为 300～4000km；z 坐标轴为系统保护时延（ms）。由图 4 - 2 可以发现：

　　（1）系统保护的时延随着通信节点数目和通信距离的增加而分别呈增大趋势。

　　（2）MSTP 节点数为 2 和通信距离为 300km 实验场景下，系统保护时延为 1.72ms；节点数为 28 和通信距离为 4000km 实验场景下，系统保护时延为 21.77ms。

　　（3）PTN 节点数为 2 和通信距离为 300km 实验场景下，系统保护时延为 1.70ms；节点数为 28 和通信距离为 4000km 实验场景下，系统保护时延为 21.50ms。

　　（4）OTN 节点数为 2 和通信距离为 300km 实验场景下，系统保护时延为 1.58ms；节点数为 28 和通信距离为 4000km 实验场景下，系统保护时延为 25.27ms。

　　三种技术均满足电力系统规约规定的电力系统保护时延应满足小于 50ms 的要求。

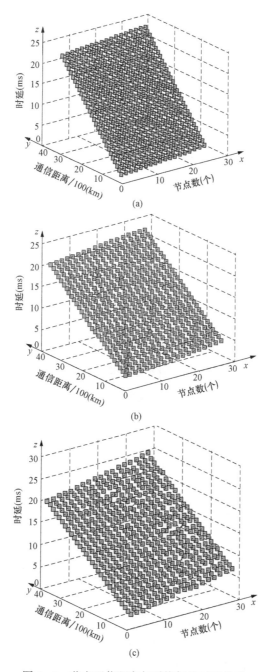

图 4-2　节点通信距离与系统保护时延关系
（a）MSTP 技术；（b）PTN 技术；（c）OTN 技术

对采用 OTN、PTN 和 MSTP 三种技术构建的系统保护业务的时延性能进行比较，分别比较三种典型应用场景（近距离场景、中距离场景和远距离场景）下的时延，见表 4-2。表可知，在时延特性方面，三种技术均能满足系统保护业务传输的时延小于 50ms 要求。

表 4-2 三种技术的系统保护时延性能比较

场景	近距离场景	中距离场景	远距离场景
级联节点数	2	8	16
通信距离（km）	300	1500	3000
OTN 技术时延（ms）	1.58	8.75	17.85
PTN 技术时延（ms）	1.70	8.00	15.89
MSTP 技术时延（ms）	1.72	8.08	16.06

2. 技术性能比较

上述三种光传输组网技术通信技术性能包括业务调度颗粒、业务交叉调度能力、业务安全性、OAM 能力、可扩展性等，具体对比见表 4-3。

表 4-3 通信技术性能对比

性能比较	SDH/MSTP	PTN	OTN
业务调度颗粒	VC12、VC4 等中低速细颗粒业务	10Gbit/s 以下任意速率业务	ODUk（k：0～3）千兆以太网 GE、2.5Gbit/s、10Gbit/s、40Gbit/s 等高速粗颗粒业务
业务交叉调度能力	最大 320G 电交叉（电路域）	最大 320G 电交叉（分组域）	T 级别的电交叉，40～80 波 2～9 维度的光交叉
业务安全性	提供 SNCP、MSP 等网络自愈保护，可保护线路和支路侧业务，保护倒换时间小于 50ms	提供 LSP1+1、LSP1：1 方式保护 TMP 业务，保护时间小于 50ms	采用 OLP 保护线路侧业务，采用类 SDH 的环网保护技术保护 ODUk 业务，保护时间小于 50ms
OAM 能力	拥有完善的端到端的 OA	拥有完善的端到端的 OA	拥有完善的端到端的 OA
可扩展性	系统可由 2.5Gbit/s 滑升级至 10Gbit/s、过 10Gbit/s 需采用叠加环的方式扩展	系统可由 GE 平滑升级至 10GE、超过 10GE 需采用叠加环	可由 $N×10Gbit/s$ 平滑升级至 $N×40Gbit/s$，N 为通道数目

续表

性能比较	SDH/MSTP	PTN	OTN
总评	主要承载 GE 以下、分组业务效率较低的业务适合传统业务（语音）的承载，带宽扩展性有限	采用分组内核、适用于 GE 及以下细颗粒分组业务的承载，带宽扩展性有限	大颗粒业务交叉调度能力强、适合 GE 以上大颗粒业务的透传；端到端的 OAM 管理强

由上述对比分析可知，对于大容量的数据类业务，SDH 技术在带宽容量、适配和承载效率等方面明显不足。

从技术发展来看，PTN 技术是为分组业务而优化的传输技术，其核心是传送多协议标记交换或核心网传送技术，现阶段承载电网生产控制业务的传输可靠性尚不能确定，如电网生产控制业务对时延、可靠性方面有较高要求；PTN 网络承载 E1 业务需要经复杂的封装和缓存，会产生较大的时延、抖动和漂移，其承载电网生产控制业务的可行性有待进一步确定。基于以上因素，现阶段 PTN 技术不建议用于电力通信骨干网建设。

OTN 技术以 WDM 技术为基础，通过增加波长数量和单波速率实现了平滑灵活的容量升级；具备完整的光层和电层体系结构，能够实现网络快速灵活的业务调度以及完善便捷的网络维护管理能力；各层管理监控机制为数据业务提供电信级网络保护和维护管理功能。OTN 技术能够真正实现超长距、大颗粒的传输。另外，通过将 OTN 设备与 SDH 设备互联并利用其成熟的保护机制，还能够提升电力小颗粒业务的保护性能。OTN 技术不仅是光网络研究发展的趋势，还是满足新形势下电力通信骨干网大容量、长距离、高稳定传输需求的最佳方案，可以完成业务的接入、封装、映射、复用、级联、保护/恢复、管理及维护，形成一个以大颗粒宽带业务传送为特征的大容量传送网络。从技术发展来看，OTN 技术正在与自动交换光网络（Automatically Switched Optical Network，ASON）相结合以适应传输网络向大容量、高速率方向发展。

4.2 省际电力骨干通信网规划方法

4.2.1 省际电力骨干通信网规划目标和内容

1. 规划目标

依据 Q/GDW 11358—2019《电力通信网规划设计技术导则》，省际电力骨干通信网规划总体目标可描述为：全面覆盖电网公司总部（分部）至电网省公司（含第二汇聚点）、电网公司直调发电厂及变电站（换流站）以及电网公司分部之间、电网省公司之间范围内各电压等级输变电设施和各级调度等电网生产运行场所，满足省际间电网安全生产等业务对通信带宽及可靠性的要求。

2. 规划内容

参照 Q/GDW 11358—2019 中和省际电力骨干通信网规划工程实践，省际电力骨干通信网规划内容主要包括：待规划网络的建设成效与现状（面临的形势及存在问题）分析、省际电力骨干通信网业务需求分析和流量带宽预测、省际电力骨干通信网网络优化及技术政策与方案（含技术原则、规划目标与总体建设规模、年度建设重点）、投资估算与成效分析。省际电力骨干通信网规划的实现方法就是依次实现以上内容的过程。

4.2.2 省际电力骨干通信网规划实现方法

省际电力骨干通信网规划实现方法是一个迭代优化过程。省际电力骨干通信网规划实现方法流程框图如图 4-3 所示。每次迭代通常按照图 4-3 流程的 4 个步骤加以实现，其中步骤 3 网络优化及技术政策与方案是规划重点。

省际电力骨干通信网规划实现方法具体描述如下：

步骤 1：待规划省际网络的建设成效与现状分析（面临形势及存在问题）

省际电力骨干通信网建设成效描述中应包括：

（1）完成投资实际额度、完成计划百分比；

（2）网络建设完成规模指标（光缆增长里程数、OTN/SDH 设备增长台套数）、网络覆盖范围、传输带宽增长率、骨干传输网承载容量增长率；

（3）网络架构优化、组网情况、采用的主要技术、业务主备路由覆盖率、业务通信可靠性提高率；

（4）220kV 及以上变电站光纤全覆盖情况，110kV（或 66kV）变电站光缆覆盖率；

（5）业务服务范围能力业务服务支撑能力提高率。

省际电力骨干网现状（面临的形势及存在问题）分析描述中应包括：

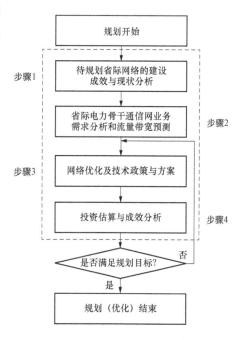

图 4-3 省际电力骨干通信网规划实现方法流程框图

（1）省际传输网 OTN 平面光缆路由与纤芯资源使用情况（光缆各段的路由长度、光纤型号、纤芯数和纤芯空余数），尤其是流量汇聚区段内光缆路由波道资源业务承载率情况；

（2）省际传输网 SDH 平面通信容量与带宽资源占用率过高情况；

（3）省际传输网 OTN 平面和 SDH 平面通信容量是否能够支撑业务情况（是否存在容量不足问题等）。

步骤 2：省际电力骨干通信网业务需求分析和流量带宽预测

省际电力骨干通信网业务需求分析描述中应包括：

（1）省际间电力业务类型与业务特征，可按照电网生产业务类（如运行控制业务、运行监测业务、运行辅助支撑业务和运行管理业务）、企业管理业务类〔如人力资源管理、财力资源管理、物力资源管理、规划计划管理、电网建设管理、电力营销管理、运营监测系统、行政办公、综合管理、95598 业务、信息容灾、企业资源计划（ERP）、安监管理、电力交易、审计管理、经济法律、科技管理、企业协会、纪检监察、农电管理、政工管理、国际业务、后勤管理、产业管理、信息化管理〕和辅助支撑通信系统业务类（如调度交换系统、行政交换系统、电视电话会议系统、应急指挥系统）阐述业务特征；

（2）针对省际间电力业务类型通信服务质量（实时性、安全性、可靠性）的要求，分析业务的实时性要求，可靠性指标和安全等级；

（3）按照业务特征和通信服务质量，确定业务通信网的承载方式（传输网直接承载和通过业务网承载）及其承载约束条件（如电网生产业务类的线路保护及安稳业务，采用点对点通信方式传输网直接承载）；

（4）从新技术发展和产业发展角度对电力新业务发展趋势进行预测，分析新业务对省际电力骨干网的通信容量、安全性等方面的需求与对策。

省际电力骨干通信网业务流量带宽预测描述中应包括：

（1）按照变电站和典型办公机构的业务构成情况，综合考虑链路数量、可靠性要求及并发比例（同时在用的比例）进行带宽（流量）需求测算，可采用 3.3 节电力骨干通信网带宽预测方法进行计算；

（2）变电站业务带宽测算应涵盖调度电话、调度数据网（接入网 1）、调度数据网（接入网 2）、行政电话（IMS）、变电站视频监控、变电站设备监控、雷电监测、输电线路监控、运维管理系统（PMS）、调度管理系统（OMS）、办公自动化（OA）、地理信息系统（GIS）、视频会议、机器人巡检和继电保护共 15 项业务带宽计算，并提供具体测算表（典型格式见附录 A）；

（3）典型办公机构业务带宽测算应涵盖调度电话、调度数据网（一平面）、调度数据网（二平面）、调度数据网（接入网）、行政电话（IMS）、变电站视频监控、变电站设备监控、输电线路监控、调度视频会议、GIS、主备调数据同步共 11 项业务带宽计算，并提供具体测算表（典型格式见附录 B）；

（4）按照总部和分部两个层级的业务断面测算含电网生产业务、企业管理业务、企业管理汇聚业务在内的带宽计算，并提供具体测算表（典型格式见附录 C）；

（5）按照业务带宽预测与测算，提出省际电力骨干通信网网络规划阶段的技术政策建议，包括网络架构（如双平面承载）、组网技术（如 OTN 或 SDH)和网络容量（如 OTN 网络容量）等。

步骤 3：网络优化及技术政策与方案

省际电力骨干通信网网络优化及技术政策与方案描述中应包括：

（1）省际电力骨干通信网规划原则与目标，阐述指导思想、总体规划原则和总体目标；

（2）省际电力骨干通信网技术政策应包括组网技术、网架结构和容量以及设备选型；

（3）省际电力骨干通信网总体建设方案与规模，包括光缆网架建设增强与优化（如具体的 OTN 网络整体优化，提升省际传输网骨干层整体安全性与传输容量的具体方案）。

省际电力骨干通信网网络优化及技术政策制定中的注意事项

（1）省际电力骨干通信网建设原则应遵循"光缆共享、电路互补"的原则，加强与省内和地县级传输网的互联互通，形成相互补充和备用；各级骨干传输网电路应共享使用，原则上 220kV 变电站配置的光传输设备不宜超过2 套。

（2）省际电力骨干通信网组网技术建议以光通信技术（如 OTN 和 SDH)为主；组网拓扑建议形成环网，合理选择网络保护方式，提升网络生存能力及业务调度能力；SDH 传输系统单个环网节点数量不宜过多，采用复用段保护时不应超过 16 个；220kV 及以上变电站内承载生产控制业务的 SDH 传输系统应满足双设备、双路由、双电源要求；对于通信站间距离较长的站点，宜采用超长距离光传输技术，不宜建设单独的通信中继站，采用超长距离光传输技术仍无法满足传输性能要求的，可建设单独的通信中继站。

（3）省际电力骨干通信网网架结构建议采用 A 和 B 双平面架构。其中，生产控制类业务承载以 A 平面为主，生产管理业务承载以 B 平面为主。A 和 B 平面应的主要特点如下：①A 平面建议采用 SDH 技术体制，设备双重化配置，主要满足生产控制类业务可靠传送要求，覆盖电网总（分）部调度及直调厂站、电网省级调度、电网省级通信第二汇聚点、数据中心、灾备中心等；②B 平面采用 OTN 技术体制，主要满足电网调度业务、生产管理业务大带宽传送需求，覆盖电网总（分）部调度、电网省级调度、电网省级通信第二汇聚点、数据中心、灾备中心等。

（4）省际电力骨干通信网容量与设备选型建议采用光传输平台，带宽容量等级主要包括 155Mbit/s、622Mbit/s、2.5Gbit/s、10Gbit/s、N×10Gbit/s（OTN 平台），其中 N 为通道数。光传输设备选型建议见表 4-4。

表 4-4 　　　　　　　　　　　　　　**光传输设备选型建议**

传输网	平台选择	设备选型建议	
		主干环网节点	分支环网、支链节点
省际	GW-B 平面：N×10Gbit/s OTN	OTN 设备	OTN、2.5～10Gbit/s SDH、1～10Gbit/s 数据网设备
	GW-A 平面：10Gbit/s SDH	10Gbit/s SDH 设备	2.5Gbit/s SDH 设备

注　1. "省变电站预测总数"指规划期内全省范围内 35kV 及以上厂站数量总和。
　　2. 西藏地区可根据电网现状适当调整变电站和中心站的通信设备配置。

（5）光缆以光纤复合地线（OPGW）和非金属自承式光缆（ADSS）为主，光缆纤芯宜采用 ITU-T G.652 型；省际骨干传输网环网节点光缆芯数以 48 芯为主，支线、终端节点光缆芯数以 24 芯为主，10kV 线路光缆芯数宜采用 24 芯。在多级通信网光缆共用区段，以及入城光缆、过江大跨越光缆等情况下，应根据业务需求适度增加光缆纤芯数量。省级及以上调度机构（含备调）所在地的入城光缆应具备 3 条独立路由，地市级及以上调度机构和通信枢纽大楼应具备 2 条独立的光缆通道至通信机房。光缆选型建议见表 4-5。

表 4 - 5　　　　　　　　　　　　　　　　光缆选型建议

电压等级（kV）	光缆主要敷设形式	光缆型号	纤芯型号
≥220	架空	OPGW 光缆	ITU - T G. 652 型为主
66、110	架空	OPGW 光缆	
35	架空、沟（管）道或直埋	OPGW 或 ADSS 光缆	
10	架空、沟（管）道或直埋	ADSS 光缆或普通光缆	

步骤 4：投资估算与成效分析

省际电力骨干通信网投资估算与成效分析应包括：①按照电网省级公司明确投资总额；②按照基建类与技改类计算投资总额；③规划建设成效分析，如规划预期指标（如建成后的光缆覆盖率）等。

4.3　省级电力骨干通信网规划方法

4.3.1　省级电力骨干通信网规划目标内容

1. 规划目标

依据 Q/GDW 11358—2019《电力通信网规划设计技术导则》，省级电力骨干通信网规划总体目标可描述为全面覆盖省级骨干传输网主要覆盖电网省公司、电网地市公司（含第二汇聚点）、电网省公司调度及其直调发电厂及变电站等电网生产运行场所，满足省内电网安全生产等业务对通信带宽及可靠性的要求。

2. 规划内容

参照 Q/GDW 11358—2019 与省级电力骨干通信网规划实践，省级电力骨干通信网规划内容主要包括：待规划网络的建设成效与现状（面临的形势及存在问题）分析，省级电力骨干通信网业务需求分析和流量带宽预测，省级电力骨干通信网网络优化及技术政策与方案（含技术原则、规划目标与总体建设规模、年度建设重点），投资估算与成效分析。省级电力骨干通信网规划实现方法就是依次实现以上内容的过程。

4.3.2 省级电力骨干通信网规划实现方法

与省际电力骨干通信网规划实现方法类似，省级电力骨干通信网规划实现方法也是一个迭代优化过程。省级电力骨干通信网规划实现方法流程框图如图4-4所示。每次迭代通常主要按照图4-4所示四个步骤加以实现。其中步骤3网络优化及技术政策与方案是规划重点。

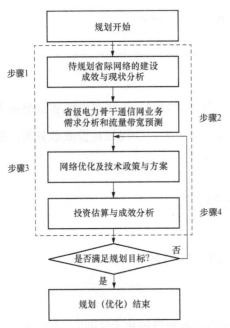

图4-4 省级电力骨干通信网
规划实现方法流程框图

省级电力骨干通信网规划实现方法具体描述如下：

步骤1：待规划省级网络的建设成效与现状分析

省级电力骨干网建设成效描述中应包括：①完成投资实际额度、完成计划百分比；②网络建设完成规模指标（光缆增长里程数、OTN/SDH/PTN设备增长台套数）、网络覆盖范围、传输带宽增长率、骨干传输网承载容量增长率；③网络架构优化，组网情况（双平面组网建设情况），采用的主要技术，业务主备路由覆盖率，业务通信可靠性提高率。

省级电力骨干网现状（面临的形势及存在问题）分析描述中应包括：①省级传输网OTN平面光缆路由与纤芯资源使用情况（光缆各段的路由长度、光纤型号、纤芯数和纤芯空余数），尤其是流量汇聚区段内光缆路由波道资源业务承载率情况；②省级传输网SDH平面通信容量与带宽资源占用率过高情况；③省级传输网OTN平面和SDH平面通信容量是否能够支撑业务情况（是否存在容量不足问题等）。

步骤 2：省级电力骨干通信网业务需求分析和流量带宽预测

省级电力骨干通信网业务需求分析描述中应包括：①省域内电力业务类型与业务特征，可按照电网生产业务类、企业管理业务类和辅助支撑通信系统业务类阐述业务特征；②针对省内电力业务类型通信服务质量（实时性、安全性、可靠性）的要求，分析业务的实时性要求，可靠性指标和安全等级；③按照业务特征和通信服务质量，确定业务通信网的承载方式及其承载约束条件；④从新技术发展和产业发展角度对电力新业务发展趋势进行预测，分析新业务对省级电力骨干网的通信容量、安全性等方面的需求与对策。

省际电力骨干通信网业务流量带宽预测描述中应包括：①按照变电站和典型办公机构的业务构成情况，综合考虑链路数量、可靠性要求及并发比例（同时在用的比例）进行带宽（流量）需求测算，可采用 3.4 节电力骨干通信网带宽预测方法进行计算；②变电站业务带宽测算应涵盖调度电话、调度数据网、行政电话（IMS）、变电站视频监控、变电站设备监控、雷电监测、输电线路监控、PMS、OMS、OA、GIS、机器人巡检、集控型防误装置共 13 项业务带宽计算，并提供具体附表（典型格式见附录 A）；③典型办公机构业务带宽测算应涵盖调度电话、调度数据网（一平面）、调度数据网（二平面）、调度数据网（接入网）、行政电话（IMS）、变电站视频监控、变电站设备监控、输电线路监控、调度视频会议、GIS、主备调数据同步共 11 项业务带宽计算，并提供具体附表（典型格式见附录 B）；④按照电网省公司和电网地市公司两个层级的业务断面测算含电网生产业务、企业管理业务、企业管理汇聚业务在内的带宽计算，并提供具体附表（典型格式见附录 C）；⑤按照业务带宽预测与测算，提出省级电力骨干通信网网络规划阶段的技术政策建议，包括网络架构（如双平面或单平面承载）、组网技术（如 OTN 或 SDH）和网络容量（如 OTN 平台容量）等。

步骤 3：网络优化及技术政策与方案

省级电力骨干通信网网络优化及技术政策与方案描述中应包括：①省级

电力骨干通信网规划原则与目标，阐述指导思想、总体规划原则和总体目标；②省级电力骨干通信网技术政策应包括组网技术、网架结构和容量与设备选型；③省级电力骨干通信网总体建设方案与规模，包括光缆网架建设增强与优化（如具体的 SDH 网络整体优化）。

省级电力骨干通信网网络优化及技术政策制定中的注意事项如下：

（1）省级电力骨干通信网建设原则应遵循"光缆共享、电路互补"的原则，加强与省际、地县级传输网的互联互通，形成相互补充和备用；各级骨干传输网电路应共享使用。

（2）省级电力骨干通信网组网技术建议以光通信技术（如 OTN 和 SDH）为主；组网拓扑建议形成环网，合理选择网络保护方式，提升网络生存能力及业务调度能力；SDH 传输系统单个环网节点数量不宜过多，采用复用段保护时不应超过 16 个；对于通信站间距离较长的站点，宜采用超长距离光传输技术，不宜建设单独的通信中继站，采用超长距离光传输技术仍无法满足传输性能要求的，可建设单独的通信中继站。

（3）省级电力骨干通信网网架结构建议按照界定范围确定 A 单平面架构或采用 A 和 B 双平面架构；若采用 A 和 B 双平面架构，生产控制类业务承载应以 A 平面为主，生产管理类业务承载应以 B 平面为主；省级骨干传输网通过省调及省通信第二汇聚点两点接入省际骨干传输网；A 和 B 平面应具体的主要特点如下：①A 平面采用 SDH 技术体制，核心及汇聚站点设备双重化配置，主要满足生产控制类业务可靠传送要求，覆盖省调、省通信第二汇聚点、地调、地市通信第二汇聚点、省调直调厂站；②B 平面建议采用 OTN 或 SDH 技术体制，主要满足调度业务、生产管理类业务大带宽传送需求，覆盖省调、省通信第二汇聚点、地调、地市通信第二汇聚点等。

（4）省级电力骨干通信网容量与设备选型建议光传输平台带宽容量等级主要包括 155Mbit/s、622Mbit/s、2.5Gbit/s、10Gbit/s、N×10Gbit/s（OTN 平台）。省级光传输设备选型建议见表 4-6。

表4-6　　　　　　　　　　省级光传输设备选型建议

传输网	分类	平台选择	设备选型建议	
			主干环网节点	分支环网、支链节点
省级	省内变电站数量≥500座	SW-B平面：N×10Gbit/s OTN	OTN设备	OTN、2.5-10Gbit/s SDH、1-10Gbit/s 数据网设备
	省内变电站数量＜500座	SW-A平面：10Gbit/s SDH	10Gbit/s SDH 设备	622M-2.5Gbit/s SDH 设备
		SW-A平面：10Gbit/s SDH		

注　1. "省变电站预测总数"指规划期内全省范围内35kV及以上厂站数量总和。

　　2. 西藏地区可根据电网现状适当调整变电站和中心站的通信设备配置。

（5）光缆以光纤复合地线（OPGW）和非金属自承式光缆（ADSS）为主，光缆纤芯宜采用ITU－T G.652型；省级及以上调度机构（含备调）所在地的入城光缆应具备3条独立路由，地市级及以上调度机构和通信枢纽大楼应具备2条独立的光缆通道至通信机房。光缆选型建议见表4-5。

步骤4：投资估算与成效分析

省级电力骨干通信网投资估算与成效分析应包括：①按照省域电网地市级公司明确投资总额；②按照基建类与技改类计算投资总额；③规划建设成效分析，如规划预期指标（如建成后的光缆覆盖率）等。

4.4　地市电力骨干通信网规划方法

4.4.1　地市规划目标内容

1. 规划目标

依据Q/GDW 11358—2019《电力通信网规划设计技术导则》，地市电力骨干通信网规划总体目标可描述为全面覆盖地市公司、县公司（含第二汇聚点）、地（县）调直调发电厂及变电站、供电所（营业厅）等电网生产运行场所，满足地市电网安全生产等业务对通信带宽及可靠性的要求。

2. 规划内容

参照 Q/GDW 11358—2019 与地市骨干通信网规划实践，地市骨干通信网规划内容主要包括：待规划网络的建设成效与现状（面临的形势及存在问题）分析、地市骨干通信网业务需求分析和流量带宽预测、地市骨干通信网网络优化及技术政策与方案（含技术原则、规划目标与总体建设规模、年度建设重点）、投资估算与成效分析。地市骨干通信网规划实现方法就是依次实现以上内容的过程。

4.4.2 地市规划实现方法

地市骨干通信网规划实现方法可参照省级电力骨干通信网规划实现方法，具体如下：

步骤 1：开展地市区域范围内的待规划网络的建设成效与现状（面临的形势及存在问题）分析。

步骤 2：地市骨干通信网业务需求分析和流量带宽预测。

步骤 3：在地市骨干通信网网络优化及技术政策与方案（含技术原则、规划目标与总体建设规模、年度建设重点）。

步骤 4：投资估算与成效分析。

在实现地市骨干通信网网络优化及技术政策制定中的注意事项如下：

（1）地市骨干传输网建议采用 A 单平面架构，通过地市公司及地市第二汇聚点两点接入省级骨干通信网；A 平面采用 SDH 技术体制，核心及汇聚站点设备双重化配置，满足生产控制类业务和管理信息类业务传送需求；覆盖地市公司、地市第二汇聚点、所属县公司、地调直调发电厂和 35kV 及以上变电站、供电所及营业厅等。

（2）地市骨干通信网应按照地县一体化建设要求，县级公司站点不要求单独组网并汇聚业务至县公司，可按地理位置和光缆路由关系作为地市骨干通信网站点就近接入。

（3）地市骨干通信网容量与设备选型建议光传输平台带宽容量等级主要包括 155Mbit/s、622Mbit/s、2.5Gbit/s、10Gbit/s。不同规模的网络平台及设备选型参考见表 4-7。

表 4-7　　　　　　　　　　　　地市光传输设备选型建议

传输网	分类	平台选择	设备选型建议	
			主干环网节点	分支环网、支链节点
地县	地市变电站数量≥100 座	DW-A平面：10Gbit/s SDH	10Gbit/s SDH 设备	155Mbit/s～2.5Gbit/s SDH 设备
	地市变电站数量<100 座	DW-A平面：2.5Gbit/s SDH	2.5Gbit/s SDH 设备	155～622Mbit/s SDH 设备

（4）光缆以光纤复合地线（OPGW）和非金属自承式光缆（ADSS）为主，光缆纤芯宜采用 ITU-T G.652 型；地市级及以下调度机构所在地的入城光缆应具备 2 条独立路由，地市级及以上调度机构和通信枢纽大楼应具备 2 条独立的光缆通道至通信机房。光缆选型建议见表 4-5。

4.5　能源互联网电力骨干通信网深度规划

4.5.1　能源互联网电力骨干通信网络规划特征

随着智能电网与能源互联网建设的深入，特别是特高压电网、配用电网、清洁能源建设的快速推进，电网与分布式发电、用户间的双向信息交互不断加强，电力通信网形态发生了显著变化，能源互联网电力骨干通信网络规划特征具体表现为：

（1）规划网络规模不断扩大，承载在电力通信网上的生产业务种类不断增多，业务信息量飞速增长，传统点对点与汇聚型通信模式向多源多宿通信模式转变，对通信网络安全可靠性要求也不断提高；

（2）规划网络规模复杂性，光传输网络的网络结构、通道组织的复杂程度空前增大；

（3）由于复杂网络的规划计算已远远突破了人工、手工计算能力，亟须研究采用智能化方法实现规划的优化求解，充分满足智能电网各类业务通道有效性、可靠性和安全性要求，科学、规范指导通信网络规划建设。

4.5.2　电力通信网全域信息融合技术架构设计

本节介绍一种考虑全域信息融合技术的电力通信网架构，可有效支撑电力通信网规划中的全局性和精准性问题。

1. 技术架构

电力通信网全域信息融合技术架构分为电力通信网规划系统子平台、电力无线专网规划子平台、信息通信业务管理系统（Information Resource System，IRS）子平台、基础中台及其他辅助系统子平台，如图 4-5 所示。

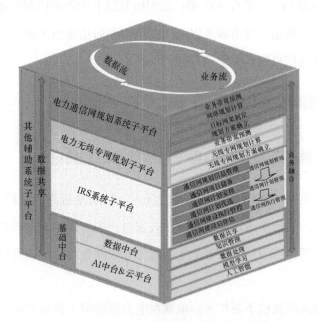

图 4-5　电力通信网全域信息融合技术架构

（1）电力通信网规划系统子平台为顶层规划设计平台，主要负责省市级通信传输网的规划制定，包括业务带宽预测、网络规划计算、目标网架制定和规划方案确立等。

（2）电力无线专网规划系统子平台为顶层规划设计平台，主要负责省市级无线专网的规划制定，包括业务带宽预测、无线专网规划计算和无线专网规划方案确立等。

（3）IRS 系统子平台负责省市级电力通信网的通信网规划管理、通信网计划管理和通信网执行管理三阶段全过程管控，包括通信网规划信息管理、通信网项目储备、通信网计划安排、通信网计划优选、通信网建设执行管控、通信网建设后评估。

（4）基础中台主要负责数据共享、知识管理、数据处理、模型学习和人工智能等，包括数据中台、人工智能（Artificial Intelligence，AI）中台 & 云平台。

（5）其他辅助系统子平台主要实现通信网规划数据和项目实施数据的共享贯通，包括计划平台和企业资源计划（Enterprise Resource Planning，ERP）系统平台等。

2. 架构业务流程

电力通信网全域信息融合技术架构业务流程框图如图 4 - 6 所示。架构通过电力通信网规划系统子平台的计算分析和规划方案制定后，将信息共享传送至信息互通的其他辅助系统子平台与 ERP 系统，形成信息唯一和数据完整通信网项目信息和唯一的通信网项目编号，再将信息同步共享传输至 IRS 系统子平台，开展后续项目建设实施环节（规划执行、储备管理、计划管理、里程碑计划管理），将规划、计划、储备和实施作为通信网全过程主线串联起来，将理论数据分析通过各环节转换成落地执行成果，再通过年度通信网实施成效评估（或后评价工作），最终将实施成效与最初的规划计划进行对比分析，形成一个高效的电力通信网全过程信息化管理运作体系。在强化各阶段工作协同的同时，通过大数据方式形成跨专业信息的集成共享，形成规划计划到实施执行的关键信息数据库，结合规划阶段和执行阶段通信网点、设备选型等信息对比，查找偏差根源或影响执行的主要因素，为后阶段省级电力通信网规划的修编及构架完善提供技术及决策支撑，逐步实现电力通信网规划的精准目标。

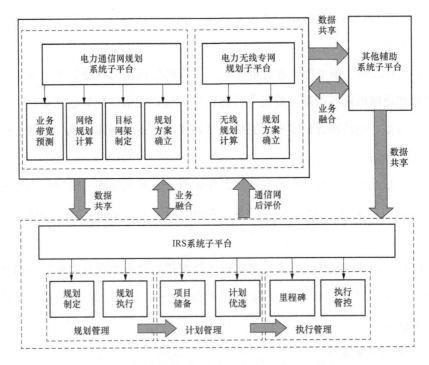

图4-6 电力通信网全域信息融合技术架构业务流程框图

3. 架构实施

电力通信网全域信息融合技术架构实施包含三部分，分别是电力通信网规划系统子平台设计、电力无线专网规划系统子平台设计和IRS系统子平台设计。

（1）电力通信网规划系统子平台设计。采用光电域通信业务动态调度和资源跨层分配方法，来解决全域通信网络资源缺乏整体调配和优化的问题；基于全域通信业务带宽预测关键算法编制典型通信站点的带宽调整常数速查手册来实现全域通信业务精准预测；采用全域通信可靠传输系列方法，来实现全域光纤通信网和无线通信网的可靠传输融合。电力通信网规划系统子平台设计技术路线如图4-7所示。

（2）电力无线专网规划系统子平台设计。在电力无线专网方面，基于可靠

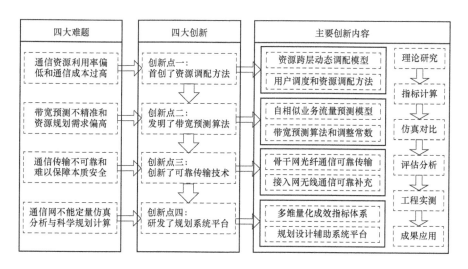

图4-7 电力通信网规划系统子平台设计技术路线

传输、多参数勘测修正、贪婪最优部署、全过程可视化等关键技术，提出一种融合精准实测修正和最优部署的电力无线专网规划系统。电力无线专网规划系统技术路线如图4-8所示。

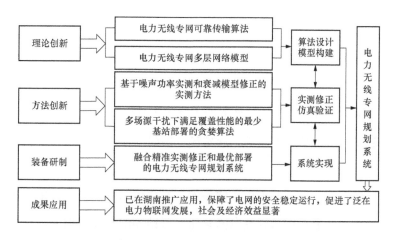

图4-8 电力无线专网规划系统技术路线

（3）IRS系统子平台设计。IRS系统是通信和信息规划及项目管理的专业系统，是精益化管控通信网规划项目的信息化管理平台，同时也是通信业务集成度高、信息深度贯通融合、信息来源唯一、完整全面的全网全过程管理平台，主要涉及从规划制定到规划执行，从投资计划到投资完成，从项目储备到项目计划，从项目进度到项目执行 4 个阶段的管控，具备电力通信网项目过程文档、关键信息等的统计与留存功能。

IRS 系统子平台按照规划执行、储备管理、计划管理、里程碑计划的技术管理路线，以规划系统的规划方案信息和其他关联平台的项目信息为通信信息源，充分利用先进通信信息集成技术，实现电力通信网全过程信息化管控。IRS 系统子平台技术架构如图 4-9 所示。

图 4-9　IRS 系统子平台技术架构

IRS 系统子平台技术架构各环节的主要应用有包括：

（1）规划执行。从规划编制、规划执行情况、设备与光缆维护全方位管控规划的执行。

（2）储备管理。形成并审核预储备库，建立包括生产技改、生产大修、通信独立二次等单独通信项目以及电网基建、营销等配套通信项目的储备库，为后续规划项目提供理论与应用借鉴。

（3）计划管理。列入综合计划的各类通信项目形成预计划库。

（4）里程碑。系统对列入里程碑阶段的各类通信项目，根据项目实际情况编制里程碑计划，并实现里程碑编制要求的差异化管理。

电力通信网全域信息融合技术架构的构建，对省级电力通信网规划具有指导意义，有助于规划效率、管理水平和发展质量全面提升。

4.5.3　电力骨干网均衡优化规划方法

本节介绍一种用于 OTN 网络的电力骨干网均衡优化规划方法，优化用于电力骨干光网络承载继电保护业务 OTN 网络可用资源（波长/光纤等）。该规划方法包括网络规划模型和算例分析两部分。

1. 网络规划模型

基于 OTN 网络特征与系统保护通信网工程应用实际，采用图论网络建模方法，构建系统保护 OTN 网络分层架构。典型的 OTN 网络架构是包括电层和光层的双层结构。电层通过逻辑路由路径来传输电力保护业务的信息，需要将通信容量的路由链路参数映射到光层；此外，电层的上接口是构造逻辑路由路径，光层的下接口是分配相关的物理资源（如数据传输波道）。包含光层和电层的系统保护 OTN 网络分层架构如图 4-10 所示。

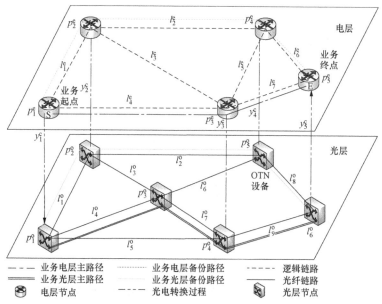

图 4-10　系统保护 OTN 网络分层架构

下面介绍均衡优化规划方法（Transmission Resource Balance，TRB），即对 OTN 网络规划中的资源进行优化。先定义模型参数，再给出优化模型。

（1）逻辑跳数。对于给定的电力业务 d，定义 OTN 电层中所有节点之间直接链路 p 的总数为 N_p。定义 δ_d^p 为逻辑链路跳因子，它使用 1 或 0 表示给定服务 d 是或不是在逻辑直接链路 p 上传输。因此，OTN 电层中业务路径的路由总跳数可由相关逻辑跳数累加获得，可表示为

$$H_d^e = \sum_{p=1}^{N_p} \delta_d^p \tag{4-1}$$

（2）物理链路占用率。对于每个给定的电力业务 d，定义 OTN 光层所有节点对的物理链路 l 的总数量为 N_l。定义 OTN 光层的节点 i 与节点 j 之间的波道容量的总数为 N_{ij}。定义物理链路波信道因子为 λ_{dl}^{ij}，表示光层中从节点 i 到节点 j 的一个波道链路。若给定服务 d 通过节点 i 和节点 j 之间的物理波道链路传输，λ_{dl}^{ij} 取 1；否则，λ_{dl}^{ij} 取 0。光层中节点 i 到节点 j 的物理链路利用率 R_d^{ij}（缩写为链路利用率）可表示为

$$R_d^{ij} = \frac{\sum_{l=1}^{N_l} \lambda_{dl}^{ij}}{N_{ij}} \tag{4-2}$$

定义电力业务 d 的路径总链路利用率 R_d^o 和网络平均链路利用率 $\overline{R}$ 可分别表示为

$$R_d^o = \sum_{l=1}^{N_l} \frac{\lambda_{dl}^{ij}}{N_{ij}} \tag{4-3}$$

$$\overline{R} = \frac{1}{N_l} \sum_{l=1}^{N_l} \frac{\lambda_{dl}^{ij}}{N_{ij}} \tag{4-4}$$

在此基础上定义用于评价网均衡优化规划性能的指标，电力业务 d 的规划资源均衡度 I_d 可表示为

$$I_d = \frac{R_d^o}{H_d^e} \tag{4-5}$$

在规划优化中考虑上述逻辑跳数和物理链路占用率两种网络资源，则可构建电力骨干网均衡优化规划模型的数学表达式，即

$$\min \quad \overline{I}_{\mathrm{d}} = \frac{\sum_{\mathrm{d}=1}^{N_{\mathrm{d}}} I_{\mathrm{d}}}{N_{\mathrm{d}}} \tag{4-6}$$

$$\mathrm{s.\,t.} \quad T_{\mathrm{d}} \leqslant T_{\mathrm{upper}} \tag{4-7}$$

$$R_{\mathrm{d}}^{ij} \leqslant R_{\mathrm{upper}} \tag{4-8}$$

在式（4-6）中，最优化目标 $\overline{I}_{\mathrm{d}}$ 是规划资源均衡度 I_{d} 的数学期望。式（4-7）表示电网业务 d 的时延约束（一般小于 60ms）。在式（4-7）中，T_{d} 是业务 d 的传输总时延，包括电层时延和光层时延；T_{upper} 是上限值。式（4-8）表示电网业务 d 的物理链路使用率约束（一般小于 50%）。在式（4-8）中，R_{upper} 是物理链路利用率的上限。考虑两种网络资源的均衡算法流程框图如图 4-11 所示。

2. 算例分析

以多最短路径（K Shortest Path，KSP）方法为对比方法，实现本节所提 TRB 方法的性能实验分析。实验过程中，假设每两个通信站点之间有一对保护业务，业务起止点为拓扑节点，规划新增业务数量为 105（即 21×5），顺序将业务加载到通信网链路中，业务加载操作完成后统计网络性能指标。算例 OTN 网络仿真实验拓扑如图 4-12 所示，节点数和链路数分别为 11 和 21。

首先分析规划资源均衡度性能随业务加载数量的增加而变化的情况。两种方法的资源均衡度 I_{d} 性能比较如图 4-13

```
寻找节点i到节点j的k条路径并记录
          ↓
对于每一条路径，暂时移除其经过
的链路，分别重新寻找节点i到节点
j的最短路径形成一组路
          ↓
统计每组路径的平均节点占用率
          ↓
选择占用率最小的一组路径作为
该业务的路径
          ↓
更新节点占用率
```

图 4-11　考虑两种网络资源的均衡算法流程框图

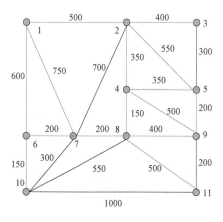

图 4-12　仿真实验拓扑

所示。图中，横坐标是加载的业务的数量，纵坐标是资源规划平衡度的值。由图 4-13 可发现：①两种方法规划资源均衡度随着加载业务数量的增加而波动；②本节 TBR 方法的资源规划平衡度的最大值和最小值均小于 KSP 方法，说明所提方法具有较好的资源规划均衡性能。

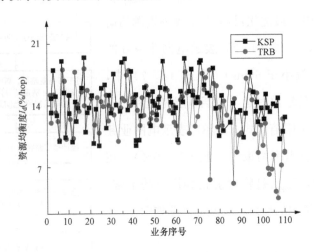

图 4-13　两种方法的资源均衡度 I_d 性能比较

两种方法的资源均衡度 I_d 统计性能比较见表 4-8。结果表明，本节方法以一定的标准差为代价，可以获得较好的资源均衡度 I_d 性能。

表 4-8　　　　　　　　两种方法的资源均衡度 I_d 统计性能比较

性能指标 方法	$\overline{I}_d$ (%/hop)	标准差 SD($\overline{I}_d$) (%/hop)
KSP	14.23	2.41
TRB	13.21	3.03

两种方法的链路占用率性能比较如图 4-14 所示。图中，横坐标是从 Link 1 到 Link 21 之间的链路 ID，纵坐标是链路占率（%）。链路占用率统计性能比较见表 4-9。

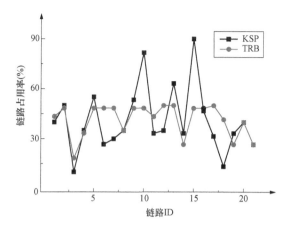

图 4 - 14　两种方法的链路占用率性能比较

表 4 - 9　　　　　　　　两种方法的链路占用率统计性能比较

性能指标 方　法	$\overline{R}$	标准差 SD $(\overline{R})$	最大链路占用率 max $(\overline{R})$	最小链路占用率 min $(\overline{R})$
KSP	41.12%	19.76%	91.08%	11.32%
TRB	42.23%	11.45%	52.57%	18.85%

由图 4 - 14 和表 4 - 9 可知：

（1）TRB 方法的链路利用率曲线比 KSP 方法平滑。

（2）在 KSP 方法中，链路占用率的最大值和最小值分别为 91.08% 和 11.32%；TRB 方法中链路利用率的最大值和最小值分别为 52.57% 和 18.85%，具有较好的均衡性。

（3）TRB 方法的链路占用率的标准差为 11.45%，KSP 为 19.76%，这表明其在有效改善网络链路使用平衡方面更具优势。

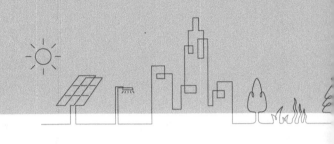

第5章 电力通信接入网规划

电力通信接入网规划是电力通信网规划的组成部分之一，在网络规划阶段主要包括规划目标和电力通信接入网（含 10kV 通信接入网和 0.4kV 通信接入网）规划两部分内容。本章分别从规划目标内容和接入网规划实现方法两方面阐述电力通信接入网规划，首先介绍电力通信接入网组网技术，然后阐述电力通信接入网和电力无线专网的规划方法，最后阐述能源互联网下电力通信接入网络深度规划。

5.1 电力通信接入网组网技术

5.1.1 电力通信接入网主要技术

电力通信接入网组网采用的主要技术主要包括以太网无源光网络 EPON（Ethernet Passive Optical Network，EPON）技术和电力线通信 PLC（Power Line Communication，PLC）技术。其他的技术还包括工业以太网技术、宽带无线技术和无线传感器网络 WSN（Wireless Sensor Network，WSN）技术。

1. 以太网无源光网络 EPON 技术

EPON 技术是一种采用点到多点结构的单纤双向光接入网络。EPON 网络可以灵活组成树型、星型、总线型等拓扑结构。EPON 技术将以太网和无源光网络 PON（Passive Optical Network，PON）技术结合，在物理层和数据链路层分别采用 PON 技术和以太网协议，通过 PON 拓扑结构实现以太网接入。

EPON 网络由网络侧的光线路终端 OLT（Optical Line Terminal，OLT）、用户侧的光网络单元 ONU（Optical Network Unit，ONU）和光分配网络 ODN（Optical Distribution Network，ODN）组成。OLT 到 ONU 的下行方向采用广播的方式，OLT 发送的信号通过 ODN 到达各个 ONU。在 ONU 到 OLT 的上行方向采用 TDMA 多址接入方式，ONU 发送的信号只会到达 OLT，而不会到达其他 ONU；光线路终端 OLT 设备向网络侧提供数据、视频和电话等业务接口，并经 ODN 与 ONU 通信；光网络单元 ONU 设备位于用户侧，为用户提供数据、视频和电话等业务接口，光分配网络 ODN 为 OLT 与 ONU 之间提供光传输通道，完成光信号功率的分配。EPON 网络支持承载的业务类型包括以太网/IP、TDM、RS232/485 串口、语音业务、视频监控业务等业务，支持 IEC 60870 - 5 - 101、IEC 60870 - 5 - 104、IEC 61850、CDT、DNP 等多种电力通信规约业务的透传。在电力通信应用中，EPON 网络为 OA、宽带接入、语音、视频监控等提供宽带 IP 传输通道，在变电、配电、用电环节建立光纤通信网络，承载包括配自动化、集抄系统、变电站站内通信等业务。EPON 技术适合"三遥"终端高可靠、低时延通信要求。EPON 网络采用双 PON 口保护组网方式，满足网络高可靠性要求；配置主站与终端安全模块，实现下发指令数字签名安全防护加密。

工业以太网技术是在传统以太网技术和 TCP/IP 技术协议的基础上发展用于工业（生产和过程自动化）通信网络组网的技术。工业以太网技术具有灵活组网特点，可组成链型、星型、树型、环型和混合型等多种拓扑结构，同时具备高通信速率高和实时性 QoS 质量保证。工业以太网是 10kV 电力通信接入网中常用的另外一种通信方式。

2. 电力线通信 PLC 技术

电力线通信 PLC 技术全称是电力线载波通信技术，是指利用高压电力线（35kV 及以上电压等级）、中压电力线（指 10kV 电压等级）或低压配电线（380/220V 电压等级用户线）作为载波信号实现信息传输的通信技术。电力线载波通信系统主要由电力线载波机、电力线路和耦合设备构成，其中耦合装置包括线路阻波器、耦合电容器、结合滤波器和高频电缆，与电力线路一起组成电力线高频通道。当前应用广泛的 PLC 技术是宽带电力线载波通信 BPLC（Broadband Power Line Communication，BPLC）技术。由于电网公司拥有电力线的资源优势，PLC 技术被广泛地应用到电力通信接入网中。

电力通信接入网

3. 其他组网技术

工业以太网技术是在传统以太网技术和 TCP/IP 技术协议的基础上发展用于工业（生产和过程自动化）通信网络组网的技术。工业以太网技术具有灵活组网特点，可组成链形、星形、树形、环形和混合型等多种拓扑结构，同时具备高通信速率高和实时性 QoS 质量保证。

宽带无线技术主要包括第四代无线通信 4G（4th Generation network mobile communication technology）技术和第五代无线通信 5G（5th Generation network mobile communication technology）技术，4G 技术和 5G 技术都具有峰值速率高、频谱效率高、覆盖范围增强、高移动性和低时延优化的技术特征。

无线传感器网（Wireless Sensor Networks，WSN）技术是一种基于 IEEE 802.15.4 无线国际标准的无线网络，具有分布式、自组织、多跳路由、动态拓扑、近距离、低功耗、低成本的技术特征。

5.1.2 电力通信接入网性能比较

电力通信接入网不同组网技术具有不同的技术特点，能够满足电力业务中特定的应用需求，性能指标比较见表 5-1。

表 5-1　　　　　　　　　电力通信接入网性能指标比较

技术/性能	EPON	工业以太网	PLC	宽带无线（5G 为例）	WSN
速率	高	较高	中（>1Mbit/s）	高	中
实时性	好	好	好	好	好

续表

技术/ 性能	EPON	工业以太网	PLC	宽带无线 （5G 为例）	WSN
可靠性	高	高	高	中	低
安全性	高	高	高	中	低
适用 场景	0.4kV 和 10kV 电力通信接入网	0.4kV 和 10kV 电力通信接入网	0.4kV 和 10kV 电力通信接入网	0.4kV 和 10kV 电力通信接入网	0.4kV 电力 通信接入网

结合网络建设实际，出于通信可靠性和通信安全性等因素考虑，电力接入通信网规划组网技术主要以有线专网（优选 EPON 技术）为主，无线技术（宽带无线技术和 WSN 技术）作为补充。

5.2　电力通信接入网规划方法

5.2.1　电力通信接入网规划目标与内容

1. 规划目标

依据 Q/GDW 11358—2014《电力通信网规划设计技术导则》，10kV 通信接入网规划总体目标可描述为：全面覆盖变电站 10kV（6/20kV）出线至配电网开关站、配电室、环网单元、柱上开关、配电变压器、分布式电源站点、电动汽车充换电站等电网生产运行场所，满足配电自动化、电能质量监测、配电运行监控、配变监测、分布式电源控制等业务和 0.4kV 通信接入网承载业务对通信带宽及可靠性的要求。

参照 Q/GDW 11358—2014《电力通信网规划设计技术导则》，0.4kV 通信接入网规划总体目标可描述为：全面覆盖变压器 0.4kV 出线至用户表计、充电桩、营业网点、电力光纤到户室内终端等电网生产运行场所，满足用电信息采集本地通信（用户表计至采集器、集中器）、电力需求侧管理、负荷监控、电能采集管理和充电桩管理等业务以及新兴业务（如能源互联网相关业务）对通信带宽及可靠性的要求。

2. 规划内容

结合电力通信接入网（含 0.4kV 和 10kV 通信接入网）规划实践，电力通信接入网规划内容主要包括：待规划接入网建设成效与现状分析（含面临的形势及存在问题）、电力通信接入网业务需求分析和流量带宽预测、电力通信接入网网络优化及技术政策与方案（含技术原则、规划目标与总体建设规模、年度建设重点）、投资估算与成效分析。

5.2.2　电力接入网规划实现方法

与电力骨干通信网规划实现方法步骤类似，电力接入网（含 0.4kV 和 10kV 通信接入网）规划实现也是一个迭代优化过程，每次迭代通常按照以下四个步骤实现，如图 5-1 所示。其中步骤 3 网络优化及技术政策与方案是规划重点。

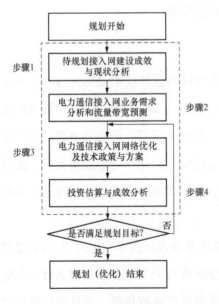

图 5-1　电力接入网规划方法步骤
流程框图

电力通信接入网规划实现方法步骤具体描述如下：

步骤 1：待规划电力通信接入网建设成效与现状分析

10kV 接入网建设成效描述中应包括：①完成投资实际额度、完成计划百分比；②网络建设完成规模指标，包括光缆增长里程数和增长率、分类光缆（架空光缆、管道光缆）统计里程数和百分占比、配网分区域（A＋区、A 区、B 区、C 区、D 区、E 区）光缆统计里程数与站点覆盖率，配网分区域站点数、用电信息采集远程通信通道站点（负荷控制终端）覆盖率、不同网络（含光纤专网、无线公网、无线专网和电力线载波

网络）站点覆盖百分占比；③网络架构优化，采用主要技术，分类站点（10kV
开关站、环网柜、电缆分支箱、柱上开关、配网通信站）设备数。

0.4kV 接入网建设成效描述中应包括：①用电信息采集终端用户统计数；
②网络建设完成指标，即终端用户网络（含无线公网和无线专网）分类覆盖百
分占比；③用电信息采集本地通信通道组网建设情况。

电力接入网现状分析描述中应包括：①10kV 接入网相关的配电自动化配
套建设的光纤专网、用电信息采集系统建设的无线专网共享与协同建设情况；
②电力宽带无线专网建设对新业务支撑情况；③0.4kV 接入网建设应重点分析
新业务产生引入的广泛通信接入需求问题。

步骤 2：电力通信接入网业务需求分析和流量带宽预测

电力通信接入网业务需求分析描述中应包括：①10kV 接入网范围内配电
自动化业务和用电信息采集业务类型与业务特征，0.4kV 接入网范围内用电环
节相关业务类型与业务特征；②针对 10kV 接入网范围内配电自动化业务和用
电信息采集业务以及 0.4kV 接入网范围内用电环节相关业务的通信服务质量
（实时性、安全性、可靠性）的要求，分析业务的实时性要求、可靠性指标和
安全等级；③按照业务特征和通信服务质量，确定业务接入网的承载方式及其
承载约束条件；④从产业发展趋势角度（如能源互联网发展角度）对配电和用
电环节相关业务发展趋势进行预测，分析新业务对电力接入网的通信 QoS 和安
全性等方面的需求与对策。

电力通信接入网业务流量带宽预测描述中应包括：①按照配电自动化业务
和用电信息采集业务构成情况，综合考虑采集频数、可靠性要求及并发比例进
行带宽（流量）需求测算，可采用第 3 章中电力通信接入网带宽预测方法进行
计算；②配电自动化业终端站点带宽测算应根据 Q/GDW 625—2011《配电自
动化建设与改造标准化设计技术规定》确定典型终端站点遥信、遥测、遥控、
电能信息点数量，参照 DL/T 634.5104—2009《远动设备及系统 第 5－104 部
分：传输规约采用标准传输规约集的 IEC60870－5－101 网络访问》确定数据

帧长度，可得出配电自动化典型终端站点数据流量，并提供具体附表（典型格式见附录 D）；③用电信息采集点带宽测算按照单用户流量、用户数量、并发比例等进行带宽计算；④按照业务带宽预测与测算，提出电力通信接入网网络规划阶段的技术政策建议，包括组网技术（如 EPON 和 PLC）和网络容量（如接入网平台容量）等。

步骤 3：电力通信接入网网络优化及技术政策与方案

电力通信接入网网络优化及技术政策与方案描述中应包括：①电力通信接入网规划原则与目标，阐述指导思想、总体规划原则和总体目标；②电力通信接入网技术政策应包括组网技术、网架结构和容量与设备选型；③电力通信接入网总体建设方案与规模，包括供电区域光纤覆盖率技术架构建设增强与优化（如统一接入平台建设）。

10kV 通信接入网网络优化及技术政策制定中的注意事项如下 ❶：

（1）组网技术建议分为有线和无线两种组网模式，组网要求扁平化；有线组网可采用光纤（工业以太网、EPON）、中压载波等通信技术；无线组网可采用无线公网和无线专网方式，应按照相关要求采用认证加密等安全措施，并通过安全接入平台接入公司信息内网。采用无线公网通信方式时，应选用专线 APN 或 VPN 访问控制等安全措施。采用无线专网通信方式时，应采用国家无线电管理部门授权的无线频率进行组网，并采取双向鉴权认证、安全性激活等安全措施。0.4kV 通信接入网网络优化及技术政策制定可参照 10kV 通信接入网制定。

（2）设备采用 EPON 设备时，OLT 设备宜部署在变电站，10kV 站点部署 ONU 设备，线路条件允许时，采用"手拉手"拓扑结构形成通道自愈保护或采用星形和链形拓扑结构；采用工业以太网设备时，宜用环形拓扑结构形成通道自愈保护。

（3）站点接入配置建议当 10kV 站点要同时传输配电、用电、视频监控等

---

❶ 0.4kV 通信接入网网络优化及技术政策制定可参照 10kV 通信接入网。

多种业务时，可根据业务需求实际情况，通过技术经济分析选择光纤、无线、载波等多种通信方式；根据 Q/GDW 1738—2012《配电网规划设计技术导则》要求，各类型供电区域应结合实际情况差异化选择通信方式。10kV 电力通信接入网推荐通信方式见表 5-2。

表 5-2　　　　　　　　　10kV 电力通信接入网推荐通信方式

站点类型	供电区域类型	通信方式	备注
10kV 配电自动化站点	A+	光纤为主	(1) 光缆无法敷设的"三遥"站点采用载波方式作为补充 (2) 无线主要采用无线公网
	A、B	光纤或无线	
	C	无线或光纤	
	D、E	无线为主	
用电信息采集站点	—	光纤、无线、中压载波	(1) 光缆已覆盖区域优先采用光纤通信，其余采用无线公网 (2) 继续保留已有的 230MHz 无线专网
电动汽车充换电站	—	光纤为主	—
10kV 接入分布式电源点	—	无线公网为主	—

（4）终端设备配置建议 10kV 配电自动化站点通信终端设备宜选用一体化、小型化、低功耗设备，电源应与配电终端电源一体化配置；配电自动化"三遥"终端宜采用光纤通信方式，"二遥"终端宜采用无线通信方式，光缆经过的"二遥"终端宜选用光纤通信方式；在无法敷设光缆的区段，可采用电力线载波、无线通信方式进行补充，电力线载波不宜独立进行组网；用电信息采集远程通信在光缆覆盖的区域宜选用光纤方式，其他区域以无线为主。

步骤 4：投资估算与成效分析

电力通信接入网投资估算与成效分析应包括：①按照地市电网公司明确投资总额；②按照基建类与技改类计算投资总额；③规划建设成效分析，如规划预期指标（如建成后的终端覆盖率和可靠性）等。

5.3 电力无线专网规划方法

5.3.1 电力无线专网规划目标与内容

1. 规划目标

依据 Q/GDW 11664—2017《电力无线专网规划设计技术导则》，电力无线专网规划总体目标可描述为：①电力无线专网规划应明确承载业务类型、规模、目标覆盖区、覆盖面积、容量及性能规划目标；②电力无线专网规划设计应满足调度自动化、配电自动化、用电信息采集等业务系统对通信网安全性、可靠性、实时性和承载能力的要求；③电力无线专网应与光纤专网、电力线载波、无线公网等相结合，主要实现对区域内配电自动化"三遥""二遥"终端和用电信息采集等业务终端的全覆盖。

2. 规划内容

结合电力无线专网规划与建设实践，电力无线专网规划内容主要包括：规划区域接入网建设成效与现状分析，电力无线专网业务需求分析与容量需求预测（含业务需求分析、容量需求预测、实时性需求预测），电力无线专网网络优化、技术政策（含核心网规划、基站规划、回传网络、无线终端、网管系统、网络安全、机房和电源部分）与方案（含技术原则、规划目标与总体建设规模、年度建设重点），投资估算与成效分析。

5.3.2 无线专网规划实现方法

与电力通信接入网规划实现方法步骤类似，电力无线专网规划实现方法也是一个迭代优化过程。电力无线专网规划方法步骤流程框图如图 5-2 所示。每次迭代通常主要按照图 5-2 所示 4 个步骤加以实现。其中步骤 3 网络优化及技术政策与方案是规划重点。

电力无线专网规划实现方法具体描述如下：

步骤 1：规划区域无线专网建设成效与现状分析

电力无线专网规划建设成效描述中应包括：①完成投资实际额度、完成计划百分比；②配网分区域站点覆盖率，包括配网分区域站点数、用电信息采集远程通信通道站点（负荷控制终端）覆盖率，不同网络（含光纤专网、无线公网、无线专网和电力线载波网络）站点覆盖百分占比；③网络建设完成指标，即终端用户网络（含无线公网和无线专网）分类覆盖百分占比。

电力无线专网现状分析描述中应包

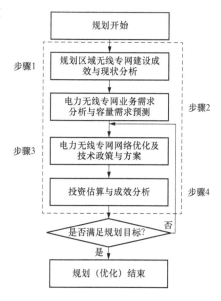

图 5-2 电力无线专网规划方法步骤流程框图

括：①配电自动化业务配套建设的光纤专网和用电信息采集系统建设的无线专网共享与协同建设情况；②新业务对电力无线专网需求情况；③应重点分析新业务产生引入的广泛通信接入需求问题。

步骤 2：电力无线专网业务需求分析与容量需求预测

电力无线专网的业务需求分析描述应包括：①无线专网支撑业务（包括精准负荷控制、配电自动化、用电信息采集、电动汽车充电站/桩、分布式电源、输变电状态监测、配电所综合监测、输配变机器巡检、电能质量监测、智能家居、智能营业厅、电力应急通信、视频监控、开闭所环境监测、移动作业、仓储管理等业务）业务类型与业务特征；②支撑业务的通信服务质量（实时性、安全性、可靠性）的要求，分析业务的实时性要求，可靠性指标和安全等级；③按照业务特征和通信服务质量，确定业务无线专网的承载方式及其承载约束条件。

电力无线专网的容量需求预测描述中应包括：参考配用电等业务信息采集

与控制的相关技术规定，根据业务类型、时延要求、终端数量、并发数量等数据，进行业务的分类、预测、统计。

步骤 3：电力无线专网网络优化及技术政策与方案

电力无线专网网络优化及技术政策与方案描述应包括：①电力无线专网规划原则与目标，阐述指导思想、总体规划原则和总体目标；②电力无线专网技术政策应包括核心网规划、基站规划、回传网络、无线终端、网管系统、网络安全、机房和电源部分和容量与设备选型；③电力无线专网总体建设方案与分年项目。

电力无线专网网络优化及技术政策与方案规划中的注意事项如下：

（1）组网原则宜采用 TD－LTE 宽带技术体制，可选用的频率包括230MHz 频段电力频率和 1.8GHz（1785～1805MHz）频段，频率使用应严格遵守《中华人民共和国无线电管理条例》。

（2）基站规划建议站型规划以室外覆盖基站为主，规划阶段基站的数量可适当预留以保证覆盖目标；基站的布点应根据技术体制并结合业务终端类型和数量、覆盖区域地形地貌、干扰情况等进行测算，并应满足电磁环境限值要求，对基站数量可适度预留；站址优先选择自有变电站、供电所、营业厅等电力场所，充分利用现有机房、电源、杆塔等基础设施，条件不具备时可考虑新建或租用，租用时应考虑运维和安全要求；基站塔杆可根据站址位置、天线高度、天线类型等，选择采用独立杆塔或利用现有构建筑物建设抱杆、增高架等；无线通信终端分布在超高建筑阴影、室内、地下室等环境时，可采用增加基站或光纤射频拉远、无线中继转发、泄漏电缆等方式进行深度覆盖；基站设备关键单元可冗余配置。

（3）核心网规划建议根据电力无线通信专网承载业务、建设规模确定核心网部署方式，宜部署在地市电网公司；可根据业务接入规模、流向等，部署在省（市）电网公司；承载毫秒级精准负荷控制业务的区域，应设置 2 套核心网，分别承载生产控制大区业务（含精准负荷控制业务）和管理信息大区业务；核心网容量应根据覆盖区域规划的基站数量、业务需求预测合理确定；核心网关键单元应冗余配置，网络规模较大区域可考虑本地或异地容灾。

（4）回传网络建议基站回传通道应优先选用电网公司自身传输资源，条件不具备时可租用通道，租用通道应满足安全性、可靠性和网络管理的要求；回传通道线路侧采用端到端"1＋1"或"1∶1"保护方式，所在网络需提供电信级的业务保障，在故障情况下业务端到端切换时小于50ms。

（5）终端设备配置建议无线通信终端视业务终端的设备形态及运维管理要求，可选用嵌入式或独立式形态；无线通信终端需满足行业、企业等对配用电等业务终端设备及模块的相关规范要求；无线通信终端可采用馈线延伸等工程方法保障无线信号的质量。

（6）网管系统建议规划设计中考虑设备网管系统；网管系统的管理内容应包括系统管理、配置管理、故障管理、性能管理、拓扑管理、安全管理等；网管系统应可通过北向接口或其他规范允许的接口接入终端通信接入网管理系统。

（7）网络安全建议电力无线专网规划设计应满足电力监控系统安全防护要求，强化无线空口安全防护能力，电力无线专网设备及网管系统应按照等级保护三级防护，保证无线系统数据传输的安全；电力无线专网应采用信息加密和完整性保护、双向认证鉴权等安全防护机制；应采用不同时频资源、不同基站传输板卡、不同 SDH 传输通道、不同核心网设备等方式，实现生产控制大区业务与管理信息大区业务的物理隔离；不同安全分区的业务通过核心网与业务系统的连接时应符合国家发展和改革委员会〔2014〕14 令《电力监控系统安全防护规定》的要求。

（8）机房和电源建议通信电源应能满足核心网、基站设备用电需求，宜采用机房自有通信电源系统；无线通信终端宜利用业务终端电源供电，机房选择应充分考虑电源可靠、防雷接地良好、温湿度满足运行要求等因素；业务容量需求宜适度预留未来数据业务的发展，冗余系数可设置为20％～30％。

步骤 4：投资估算与成效分析

电力无线专网规划投资估算与成效分析应包括：①按照地市电网公司明确投资总额；②按照基建类与技改类计算投资总额；③规划建设成效分析，如规划预期指标（如建成后的终端覆盖率和可靠性）等。

5.4 能源互联网电力通信接入网深度规划

5.4.1 能源互联网电力通信接入网络规划特征

电力通信接入网主要用于支撑电网的配电环节和用电环节的终端业务的通信接入。随着电网的大规模互联和能源互联网的兴起，配用电终端亟需双向实时通信要求，电力通信接入网规划与建设显得更加重要。能源互联网电力通信接入网络规划特征具体表现为：

（1）多业务复用。当前配用电业务的通信范围更广，通信节点数量更多，通信频率更高，通信 QoS（如时延和丢包率），要求更高，需要采用一个终端支撑多种业务接入电力通信网。此外，在能源互联网框架下，配用电业务呈现终端数目增多、实时双向性增强，带宽成倍增多的特点，对电力通信接入网络规划的带宽预测、接入网架构提出新问题；

（2）业务复杂场景通信接入。配用电业务应用场景复杂，总体来说可以从区域环境、空间位置和业务分类的三维度来区分：①区域环境包括城市、郊区、农村等不同的区域条件；②空间位置包括架空、地面、地下等不同的空间位置；③业务分类涵盖配网设备线路监测诊断控制相关业务、电能量采集相关业务、分布式能源接入业务和用电互动化业务。此外，能源互联网发展对配用电通信网提出了新的终端信息互联的通信需求，具体表现为配电环节的支持分布式能源接入的微网和可再生能源协同调度的信息互联接入的业务通信需求；用电环节的需求响应与柔性负荷调度的信息互联业务需求。以上因素均因在电力通信接入网规划中加以考虑，有效支撑电力通信接入网的发展。

5.4.2　多技术融合的电力通信接入网架构设计

本节针对智能配用电通信网地域分布广、测量监控点多、对通信的可靠性及传输带宽要求高等特点，阐述多技术融合的支持配用电终端的电力通信接入网（以下简称电力终端通信接入网）架构设计，在分析现有配用电通信网络不足基础上，构建多技术融合的三层架构，并通过配网终端和用电终端的典型组网示例验证了架构合理性，为智能配电通信网建设提供理论参考。

1. 现有终端通信架构分析

传统电力终端通信接入网架构进一步归纳细化为分层结构，如图 5 - 3 所示。

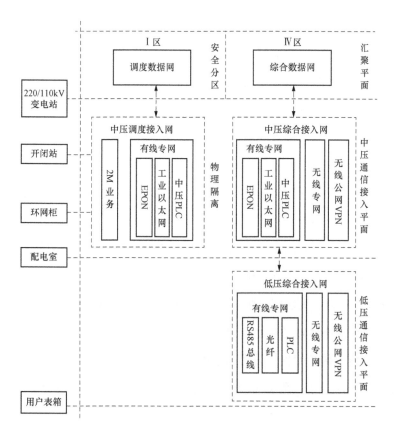

图 5 - 3　传统电力终端通信接入网分层应用架构

图 5-3 所示为传统电力终端通信接入网分层应用架构可划分为汇聚平面、中压通信接入平面和低压通信接入平面。传统电力终端通信接入网具体表现为：

（1）汇聚平面按照安全分区原则分别构建独立的调度数据网和综合数据网。

（2）中压通信接入平面和低压通信接入平面采用物理隔离方式分别建网。因此现有终端通信接入网架构采用物理隔离，实现安全性前提下的智能配用电业务的通信需求。

但随着智能电网及能源互联网的进一步建设，传统电力终端通信接入网架构显现出局限性，具体表现为：

（1）中、低压通信接入平面针对具体业务采用一种或多种通信技术构建通信网，存在多个独立的通信网子系统。例如，中压通信接入平面的配电自动化业务，可采用 EPON 技术、工业以太网技术和中压电力线载波（中压 PLC）技术分别构建独立有线专网。

（2）中、低压通信接入平面针对具体业务构建了多个采用多种通信技术的通信网子系统，各通信网子系统间独立运行，终端通常只支持单一通信网的纵向连接，无法实现多网协同通信互补融合。例如，低压通信接入平面的用电信息采集业务，可采用 RS485 总线、光纤和电力线载波（PLC）技术分别构建独立通信子网系统，而非采用异构网融合技术构建融合网络。多数终端只具备单一通信子网接入功能，不支持依据具体通信现场变化自动接入可用网络而实现有效横联互补融合，无法保证配用电业务高可靠性的通信要求。

2. 多技术融合终端通信扩展架构

图 5-1 所示传统架构充分考虑了配用电业务需求及管理模式的要求，但随着能源互联网背景下的智能电网的发展，智能配用电业务将有以下特点的变化：

（1）用电信息采集、远程费控、配电自动化和用电能效监测等系统通信的成功率和可靠性需要进一步提升，终端接入仅依赖单一有线或无线通信通道保证业务 QoS 要求难度将越来越大。因此应依据配用电网一、二次侧网络架构结构和业务接入节点分布规律，采用融合组网模式为终端接入提供两个及以上通道，实现自治自愈接入。

（2）配电与用电类业务界限模糊兼具实时双向要求，配电类业务中可能增加实时信息采集与传送功能的业务，用电类业务将从现有以信息采集业务为主演变为用户互动化业务为主，要求通信接入大容量带宽前提下提供双向实时/准实时通道；因此需要统一提供安全可靠的专用通信接入网。

（3）电力调度业务专用网络与电力综合业务接入网络的安全物理隔离。目前用电信息采集系统多采用综合数据网进行接入，与同样承载电力 MIS、办公内网、机要传输业务的综合数据网直接连接，不能符合电网未来信息安全的需求，应充分实现安全物理隔离，通过安全等级划分与控制保证电网可靠运行。为应对以上需求变化，对配用电终端通信接入网扩展构建多技术融合终端通信架构。多技术融合的电力通信接入网架构如图 5-4 所示。其中有线专网部分仍包含图 5-1 所示的 EPON 技术、工业以太网技术和中压电力线载波（中压 PLC）技术。

扩展架构融合技术路线及功能说明：

（1）中压通信接入网进行安全等级划分，生产 I 区和管理 IV 区的接入网实现有效的安全物理隔离，针对配用电业务构建不同等级的安全策略和对无线专网的安全防护机制。

（2）中压通信接入平面的网络层融合，在满足配用电业务安全接入前提下，除需要网络专用与横向隔离要求的业务（如调度业务）外，对不同网络技术（如 EPON 技术、TD-LTE 技术和 LTE230 技术）承载相同业务情况（如配网二遥、微网接入和用能管理），可采用转换通用协议（如 IP 协议）或研制多模传输模块实现有线专网和无线专网的多网协同。例如，基于光载无线 RoF 技术，EPON 有线通道可以作为 TD-LTE/LTE230 基站与业务层主站的回传

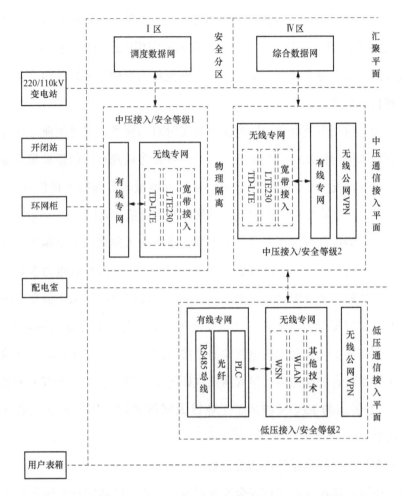

图 5-4　多技术融合的电力通信接入网架构

传输链路；基于多模传输模块，TD－LTE（1.8GHz 频段）与 LTE230（230MHz 频段）无线专网间可实现多频段的组网和数据调度，为终端提供双通信通道支持。

（3）低压通信接入平面的网络层融合，不同网络技术（如 PLC 技术和 WSN 技术）承载相同业务情况（如用电信息采集业务和用户需求响应业务），可采用研制多模传输模块和融合网关实现有线专网和无线专网的多网协同，用电终端可以依据 PLC 信道状态与 WSN 频段状态实现通信通道的自动切换，保证双通道支持；研制兼容 TD - LTE 和 LTE230 的传输协议的 WSN 融合网关，使得 WSN 用电终端支持双通道（如 EPON 有线通道或 TD - LTE/LTE230 无线通道）数据回传，保证了通信可靠性。

3. 组网示例与应用分析

根据配用电通信网的要求和多种通信技术特征，考虑充分发挥各种通信技术的优点，减弱各种技术应用缺点，在中压通信接入平面和低压通信接入平面建立光纤网络为骨干、无线技术与载波通信为辅的多种技术融合的网络结构。配用电终端接入多技术融合典型网络结构如图 5 - 5 所示。满足配电业务（如配电自动化和微网新能源接入）、用电业务（用电信息采集和计量业务）、用能管理、用户需求响应等多业务的通信需求；以及复杂应用环境下的多业务承载需求，实现自治自愈组网通信，构建支撑多业务、横纵互联的多形态配用电通信网系统。

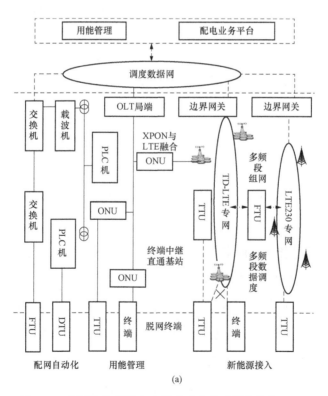

图 5 - 5　配用电终端接入多技术融合典型网络结构（一）

（a）配电终端接入

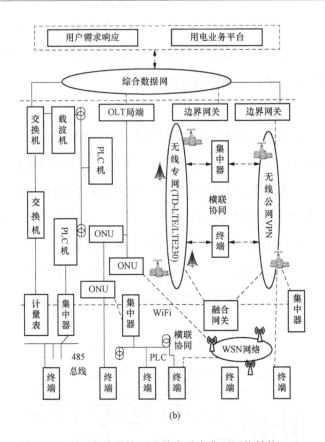

(b)

图 5-5　配用电终端接入多技术融合典型网络结构（二）

(b) 用电终端接入

图 5-5 所示典型组网示例中包括中低压通信两个接入平面的主要融合技术路线。

（1）中压通信接入平面融合技术。该平面融合技术主要包括 EPON 技术、中压 PLC 技术、工业以太网技术、TD-LTE 技术、LTE230 技术和 RoF 技术，以上六种单一技术通信 QoS 指标均能满足中压通信接入平面终端的 QoS 要求。考虑该平面配电终端通信需求侧重可靠性要求（典型通信速率为 93Bit/s 和丢包率指标为不大于 10^{-6}），用电终端侧重通信带宽要求（典型通信速率为 80kbit/s 及不大于 10^{-3}），因此采用双通信通道融合设计，如图 5-5 所示。中压通信接入平面融合技术见表 5-3。

表 5 - 3　　　　　　　　中压通信接入平面融合技术

类型	子类	技术描述
多网协同	EPON 与 LTE 融合	采用光载无线 RoF 技术，运用 EPON 的 ONU 单元作为 TD-LTE 基站与业务主站回传传输链路单元，在单元内部集成通信技术，直接利用光载波来传输射频信号，实现配用电业务终端灵活接入，如图 5-5 (a)、(b) 所示
	专网多频段组网	采用含 TD-LTE (1.8GHz 频段) 与 LTE230 (230MHz 频段) 的多模传输模块，在模块内部集成多种通信技术，实现微网新能源接入业务 (光伏—充电桩) 横联互补接入，提高接入的可靠性，如图 5-5 (a) 所示
	专网多频段调度	采用含 TD-LTE (1.8GHz 频段) 与 LTE230 (230MHz 频段) 的多模传输模块，在模块内部集成多种通信技术，扩展多频段多信道传输及业务数据流调度功能，依据各网络业务负载带宽资源占用情况，动态调整终端的最佳接入网络，实现高带宽接入，如图 5-5 (a) 所示
	无线专网与无线公网切换	采用含无线专网 (含 TD-LTE 与 LTE230) 与无线公网 (含 4G 无线技术) 的多模传输模块，在模块内部集成多种通信技术，在支持用电业务终端 (集中器和智能用电终端) 依据网络通信状态，自动切换最佳接入网络，如图 5-5 (b) 所示
自治自愈	终端中继直通基站	采用 1.8GHz 频段 TD-LTE 扩展 D2D 中继直通基站功能传输模块，针对覆盖范围比较差终端脱离核心网的配网终端，通过终端中继直通基站方法，终端能够借助中继终端实现正常数据传输，实现终端脱离核心网控制下的网络可重构机制，完成自治自愈通信，如图 5-5 (a) 所示

（2）低压通信接入平面融合。该平面融合技术主要包括 EPON 技术、低压 PLC 技术、工业以太网技术、TD-LTE 技术和 WSN 技术。以上五种单一技术通信 QoS 指标均能满足低压通信接入平面终端的 QoS 要求。考虑到该平面主要涉及用电终端部署灵活性，通信需求是通信速率和可靠性并重，因此采用有线通道与无线通道融合、双无线通道设计，如图 5-5 (b) 所示。低压通信接入平面融合技术见表 5-4。

表 5 - 4　　　　　　　　低压通信接入平面融合技术

类型	子类	技术描述
多网协同	PLC 与 WSN	采用 PLC 与 WSN 多模传输模块，实现电能管理和新能源接入等终端，依据载波信道和 WSN 无线信道通信干扰因素，实现通信自动切换，如图 5-3 (b) 所示
	EPON 与 WSN	采用光载无线 WiFi 技术，运用 EPON 的 ONU 单元作为 WSN 与业务主站回传传输链路单元，通过协议转换实现 WSN 数据的 EPON 有线通道传输，如图 5-3 (b) 所示

续表

类型	子类	技术描述
融合网关	WSN与TD-LTE	采用WSN与TD-LTE网关，采用异构网融合技术，实现低压通信接入平面有效接入中压通信接入平面的1.8GHz TD—LTE无线专网，如图5-3（b）所示
	WSN与LTE230	采用WSN与LTE230网关，实采用异构网融合技术，现低压通信接入平面有效接入中压通信接入平面的230MHz LTE230无线专网，如图5-3（b）所示

多技术融合终端通信架构组网方案在应用过程中还需要解决好以下的关键技术问题：

（1）配用电终端多种通信技术方式的共存的后续网络运行和维护。一种可行的途径是依据配用电业务场景需要，对可用的多种技术进行合并，选择一种或两种技术为主，其余技术作为补充的应用模式；另一种是，关注新网络技术（如软件定义网络SDN技术、智能终端处理技术）和研制支持智能处理功能的终端，实现多技术融合网络下的统一灵活网络管理和终端免维护功能。

（2）配用电业务数据的区分加密。在用电侧和配电侧业务数据的信息安全等级要求基础上，依据业务数据价值确定不同复杂度的密钥管理和安全加密策略，简化终端加密处理复杂度。例如对安全等级高的计量数据采用计量芯片和高安全性加密策略，对用户用电数据采用低安全等级安全控制策略。

（3）依据配用电业务特点选择无线技术的应用频段和应用模式。例如用电业务本地通信可采用的WSN技术，可用频段包括480MHz、2.4GHz和5.8GHz，考虑用电信息采集业务特点（需要良好的楼层穿透性和低功耗性），综合考虑频点和功耗因素，优先选择480MHz低频段；同样是用电业务本地通信若采用无线公网VPN通道，考虑终端数据周期性采集特点和低功耗要求，可优先选择无线公网的低功耗的窄带物联网NB-IoT技术应用模式。

5.4.3   配电终端泛在接入高可靠 WSN 规划部署方法

本节介绍一种用于配电终端泛在接入的高可靠 WSN 规划部署方法,包括配电线路故障检测 WSN 拓扑结构、WSN 可靠路由优化模型、WSN 可靠路由部署策略和算例分析四部分。

1. 配电线路故障检测 WSN 拓扑结构

配电网系统作为电力系统的终端单元,与电力用户在位置区域上的分布有密切关系,从总体上看配电网的网络拓扑结构具有分散的特点。配电网故障检测通信网络拓扑如图 5-6 所示。虚线框内表示市区、乡镇等用户和设备集中地区域,在此区域内分布着大量密集的用户与设备,每一个区域内的白色节点表示普通节点,黑色节点表示汇聚 Sink 节点,区域内的其他节点将数据传输到汇聚 Sink 节点,虚线框区域内进行 WSN 组网传输。虚线框外为集中区域到配电网故障检测系统之间的通信,鉴于配电网整体的结构较为分散,而我国现在基本在骨干网已经覆盖光纤,可采用光纤通信实现汇聚 Sink 节点与配电网故障监测系统主站间的通信通道构建。

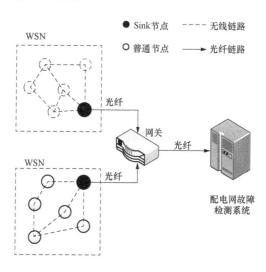

图 5-6   配电网故障检测通信网络拓扑

2. WSN 可靠路由优化模型

设 WSN 拓扑中每个节点都有唯一 ID 标示，节点具有一定的计算和通信能力且能量是有限的；拓扑中有且仅有一个 Sink 节点，WSN 可靠路由优化模型优化操作如图 5-7 所示，具体如下：

（1）选取 Hop 值作为网络节点的深度值表示，将 Sink 节点的 Hop 值定义为 0，与 Sink 节点相邻的节点的 Hop 值定义为 1，直到定义完所有 Hop 值为 1 的节点。依此类推，距离每增加 1，Hop 值也加 1，直到整个网络的节点都有其自己的唯一 Hop 值。

（2）在所有节点的 Hop 值都定义完之后，记录自身与相邻节点的 Hop 值。Hop 值小 1 的节点为其上级父节点，Hop 值大 1 的节点为其下级子节点，Hop 值相同的节点视为同级节点。每个节点的上级父节点、下级子节点和同级节点非唯一，节点间 Hop 值获取如图 5-7（a）所示。

（3）数据传输方法。下级子节点只向对应的上级父节点传输数据。节点向 Sink 节点发送数据分组图如图 5-7（b）所示。

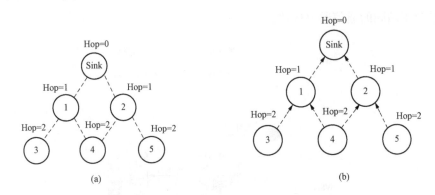

图 5-7 模型路由优化操作

（a）节点间 Hop 值获取；（b）节点向 Sink 节点发送数据分组图

假设在无线传感器网络中有 n 个节点随机地分布在矩形区域内，在无线传感器网络数据传递过程中，节点与其他邻居节点的位置不再变动，所有节点以对等的方式完成路由建立及分组通信，节点可以调整发射功率来实现通信半径的改变。采用 WSN 典型节点能耗模型，在 WSN 网络路由建立和分组传输过程中，节点与下一跳节点的距离为 d 时，则节点发送和接收 k 比特分组消耗的能量 $E_{tx}(k, d)$ 和 $E_{rx}(k, d)$ 分别为

$$E_{tx}(k, d) = \begin{cases} kE_{elec} + kE_{fs}d^2 & (d < d_{ref}) \\ kE_{elec} + kE_{mp}d^4 & (d \geqslant d_{ref}) \end{cases} \tag{5-1}$$

$$E_{rx}(k, d) = kE_{elec} \tag{5-2}$$

$E_{elec} = 50 \text{nJ/bit}, E_{fs} = 10 \text{pJ/bit/m}^2, E_{mp} = 0.0013 \text{pJ/bit/m}^4, d_{ref} = 100 \text{m}$

3. WSN 可靠路由部署策略设计

路由部署策略的基本设计思想是综合考虑节点与下一跳节点间的节点能量损耗和路径能量损耗两个指标，通过归一化操作使得两个指标的综合归一化能量损耗最小。先分别定义相关的节点能量损耗 $E_p(d)$ 的归一化值 $\overline{E}_p$ 和路径损耗 $C_p(d)$ 的归一化值 $\overline{C}_p$。

设发送节点和接收节点的初始能量为 E_t 和 E_r，定义节点剩余能量 $E_p(d)$ 为路径的发送节点剩余能量和接收节点剩余能量之和，即

$$E_p(d) = [E_t - E_{tx}(k, d)] + [E_r - E_{rx}(k, d)] \tag{5-3}$$

则节点能量损耗 $E_p(d)$ 的归一化值 $\overline{E}_p$ 为

$$\overline{E}_p = \frac{E_p(d)}{E_t + E_r} \tag{5-4}$$

定义路径损耗 $C_p(d)$（单位：dB）为

$$C_p(d) = C_{d0} + C_r + 10\alpha\log\left(\frac{d}{d_0}\right) \tag{5-5}$$

式中：C_{d0} 为参考传播距离 d_0 处的路径损耗，dB；C_r 为天气以及障碍物造成遮蔽效应的高斯随机路径损耗，dB；α 是路径损耗环境指数（取值范围 2～5）；d 为发送节点到接收节点之间的距离。

设 d_{max} 为发送区域内的最大参考距离，则路径损耗 $C_p(d)$ 的归一化值 $\overline{C}_p$ 为

$$\overline{C}_\mathrm{p} = \frac{C(d)}{C(d_{\max})} \qquad\qquad (5-6)$$

则面向泛在随需接入高可靠 WSN 路由部署策略中节点与下一跳的路由策略为

$$S_\mathrm{N} = \lambda \overline{E}_\mathrm{p} - (1-\lambda)\overline{C}_\mathrm{p} \qquad\qquad (5-7)$$

计算下一跳节点对应的综合归一化能量损耗值 S_N，选取综合归一化能量损耗值 S_N 最小的对应的邻节点作为下一跳节点构建转发路由路径，实现高可靠 WSN 路由部署策略。式（5-7）中可靠性加权系数 λ 的取值范围为 0～1。按照业务可靠性不同要求，设定不同的 λ 值；业务可靠性越高，则 λ 的取值越大，通过提高路由选择中链路可靠性来改善业务通信传输可靠性。

4. 算例分析

为了验证本节提出的路由算法的可靠性性能，将其与 RMHC 路由方法进行性能比较。RMHC 算法是采用父节点、兄弟节点双向传播，在选路方面加入了新的负载均衡机制，使数据包平均能耗达到最优的一种算法，其适用环境是区域内均匀、随机分布的一定数量的传感器节点，唯一的 Sink 节点连接终端设备的网关，全网其他普通节点以 Sink 为最终数据接收端。算例构建网络拓扑模型如图 5-8 所示，200 个节点随机分布在 200×200 的网络环境内，Sink 节点的坐标为 （0，0），

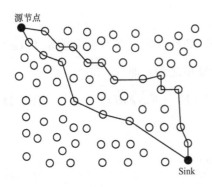

图 5-8 算例仿真网络拓扑

源节点 （Source）坐标为 （-200，-200）。实验参数设置如下：最大发送半径为 60m，参考距离 d_0 为 1.0m，C_r 为 52dB，路径损耗环境指数 α 取 3，节点初始能量为 1J，数据包大小为 4000Bits。

可靠性加权系数丢包率对比如图 5-9 所示。图中 λ 取值为 0.2～0.8，传输分组数目为 150～1050，可靠性指标为丢包率。由图 5-9 可发现，随着 λ 值的越大，路径丢包率逐渐降低，因此可以依据业务等级设定不同的加权系数 λ 值，实现路径可靠性的有效控制。

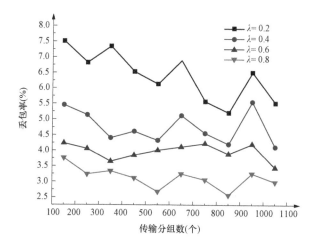

图 5-9　可靠性加权系数丢包率对比

可靠性加权系数丢包率对比如图 5-10 所示。此时 λ 取值为 0.3，即节点在选择下一跳节点路由选择策略中更多考虑传输节点能量损耗。由图 5-10 可以发现，本节方法丢包率范围为 3.02%～3.98%，平均丢包率为 3.24%；RMHC 方法丢包率范围为 4.02%～5.45%，平均丢包率为 4.66%。由此说明本节方法在侧重节点能耗情况下可靠性仍然高于 RMHC 方法。

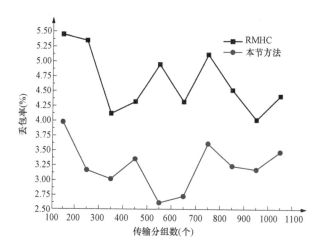

图 5-10　可靠性加权系数丢包率对比

侧重路径损耗情况的丢包率对比如图 5-11 所示。此时 λ 取值为 0.9，即节点在选择下一跳节点路由选择策略中更多考虑路径损耗。由图 5 - 11 可以发现，丢包率范围为 1.87%～2.85%，平均丢包率为 2.22%；RMHC 方法丢包率范围为 4.12%～5.95%，平均丢包率为 4.73%。由此说明与 RMHC 方法相比，本节方法在侧重路径损耗情况可显著提高业务传输的可靠性。

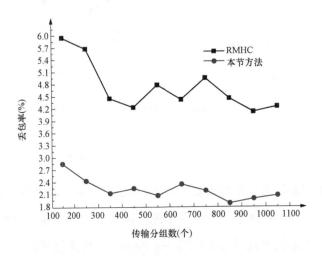

图 5 - 11　侧重路径损耗情况的丢包率对比

　　本节配电终端泛在接入高可靠 WSN 规划部署方法，通过提高配电线路故障数据的传输可靠性、能量效率以及网络性能，来提高配电线路故障检测的可靠性，适应于配电线路故障检测系统泛在终端接入网络场景使用。

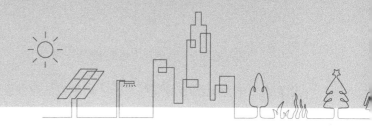

第6章 能源互联网电力通信网精准规划体系

能源互联网核心内涵是把互联网技术与清洁能源技术相结合，将电网变成一个庞大的能源共享网络，实现由集中式化石能源开发利用向分布式可再生清洁能源利用的深刻转变，由此给电力通信网提出了精准规划化的新要求。本章分别从内涵特征和构成内容两方面阐述能源互联网电力通信网精准规划体系，首先概述电力通信网精准规划，然后阐述电力通信网精准规划体系的五个内涵特征，最后阐述电力通信网精准规划体系内容。

6.1 电力通信网精准规划概述

在能源互联网背景下，电力通信网精准规划已从技术层面扩展为管理技术层面，产生了电力通信网精准规划的概念。电力通信网精准规划总体目标为"精准规划、全过程管理、数字化管控"，建立"精准规划技术架构、精准规划组织架构和精准规划协同架构"的平台型和共享型管理体系，建立"通信网规划编制、通信网执行管理、规划执行后评估、改进提升"的全过程数字化闭环管理。以上总体目标是通过构建电力通信网精准规划体系加以实现的。

电力通信网精准规划体系建设具体路线内容如下：

（1）建立形成电力通信网精准规划建设体系，全面涵盖电力通信网三大阶段（通信网规划阶段、通信网建设阶段、通信网后评估阶段），有效形成"总部—省—地—县"四级上下联动和"公司科信部—省经研院—省信通公司"三级横向协同的组织架构与高效工作机制。

（2）建立支撑电力通信网精准规划体系的技术架构，构建由电力通信网规划系统、电力无线专网规划系统、信息通信业务管理系统 IRS 平台以及其他关联平台构成的通信业务信息化融合系统技术支撑平台以及统一数据企业中台，实现相应的电力通信网精准规划体系在技术和技术监督方面的支撑机制，实现规划业务技术实施的规范化和高效化管理。

（3）建立支撑电力通信网精准规划体系的管控架构，科学实现贯穿电网公司通信网"规划—投资—建设—后评估诊断—改进提升"的全过程数字化管控架构和闭环管理机制；最终通过电力通信网规划业务数字化转型，实现能源互联网背景下的精准规划目标。

6.2　电力通信网精准规划体系内涵特征

电力通信网精准规划体系核心是电力通信网规划业务的数字化。如图 6-1 所示，电力通信网精准规划体系内涵特征包括开放共享、双模管控、互联互通、创新引领和数据驱动五个特征属性，其内涵如下：

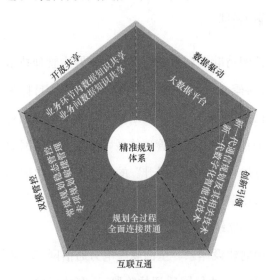

图 6-1　电力通信网精准规划体系内涵特征

（1）开放共享。充分发挥规划业务环节内（通信网规划编制、通信网执行管理、规划执行后评估）、业务间的数据与知识共享。开放共享原则在管控架构上体现在业务间管理上的数据共享，不同的管理层之间知识交互。

（2）双模管控。建立面向常规规划的稳态管控体系，面向专项规划的敏捷管理的双模管控模式；支撑通信网规划核心业务的稳定与高效开展和快速面对市场变化的敏捷规划。双模管控体现在规划中同时考虑稳态规划和敏态规划。

（3）互联互通。实现电力通信网规划全过程的"数据知识—规划人员—业务流程"三个层面的全面连接贯通。互联互通原则在管控架构上体现在管理层面实现电力通信网规划全过程中数据知识和规划人员两个层面的全面连接。互联互通在组织架构上体现在电力通信网规划全过程的"数据知识"和"业务流程"两个层面的全面贯通。

（4）创新引领。以新一代数字化智能化技术创新电力通信网规划业务的运营管理，以端到端的业务全过程优化为导向，推进新一代电力通信网规划及其相关技术（如基于人工智能的通信带宽预测技术、5G 通信规划技术）与电力通信网规划业务能力相融合，实现电力通信网规划业务的数字化和智慧化运营。

（5）数据驱动。以数据为核心驱动力，夯实数据能力基础，完善基于大数据平台的电力通信网规划应用建设，全面支撑电力通信网规划。数据驱动原则在组织架构、技术架构和管控架构上体现为所有管理都基于数据中台的数据支持。

6.3　电力通信网精准规划体系组成内容

以"精准规划、全过程管理、数字化管控"为实施指引，构建了电力通信网精准规划体系，如图 6-2 所示。

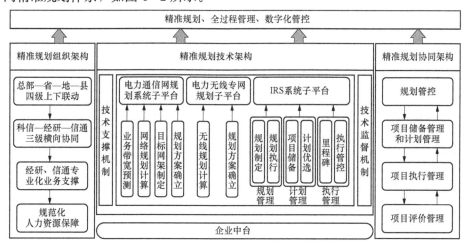

图 6-2　电力通信网精准规划体系架构

电力通信网精准规划体系包括三个架构和一个中台，分别是精准规划组织架构，精准规划技术架构、精准规划管控架构和精准规划企业中台。

6.3.1 电力通信网精准规划组织架构

电力通信网精准规划组织架构，结合电力通信网规划的业务流程管理及其人力资源支撑特征，针对数字化管理人才队伍培养，建立支撑电力通信网精准规划体系的稳态与敏态结合的组织架构，配套优化完善规划人力资源管理，积极培育电力通信网数字化管理人才队伍，实现电力通信网精准规划体系在组织方面的稳态与敏态支撑机制的建设和具体实施。

电力通信网精准规划组织架构组成如图6-3所示，"总部—省级—地市级—县级公司"四级上下联动，层层递进。对于每一级公司，完成规划需要互联网部、发展策划部、经研院（所）、建设部、人力资源部相互协同。数据驱动存在于规划的全过程中，每一个过程都基于之前过程的数据，并为后面的过程提供数据基础。双模管控体现在规划中同时考虑稳态规划和敏态规划；互联互通体现在电力通信网规划过程中的部门互联互通和业务流程全贯通。

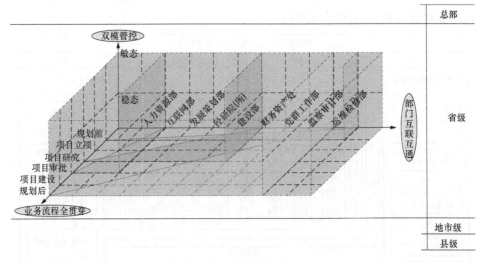

图6-3 电力通信网精准规划组织架构组成

6.3.2 电力通信网精准规划技术架构

电力通信网精准规划技术架构，结合电力通信网规划业务的设计流程技术特征，针对业务实施的规范化和高效化管理，建立支撑电力通信网精准规划体系的技术架构，实现电力通信网精准规划体系在技术和技术监督方面的支撑机制建设和具体实施。

电力通信网精准规划技术架构如图6-4所示。在电力通信网新项目实施过程中，首先针对新规划项目，从生产控制类业务、管理信息类业务角度进行业务分析。然后在此基础上收集通信网规划相关资料。资料一般应包括以下内容：①主网架、配电网、电网智能化规划与相关专项规划，以及通信网网架结构的相关资料；②各通信站点需要传送的典型业务及各类业务所占带宽；③各类业务的数据峰值流量实测记录等。最后明确到具体主干网和接入网，进行电力通信网目标网架制定。项目规划的全流程通过IRS全过程平台进行管控，包括规划制定、规划执行、项目储备、计划优选、里程碑和执行管控。随着技术的不管发展，在项目执行的过程中还将继续融入新技术（人工智能、5G、云平台等）来支撑规划的先进性，并建立知识管理体系，对新规划提供理论指导。

图6-4 电力通信网精准规划技术架构

117

6.3.3 电力通信网精准规划管控架构

电力通信网精准规划管控架构，结合电力通信网规划业务重要环节的审核管理特征，针对规划业务全过程重要节点的规范化和高效化管理，建立支撑电力通信网精准规划体系的管控架构，制定不同优先级别规划预测策略，通过规划成效评估指标体系闭环优化，实现相应的实现电力通信网精准规划体系在全过程管控方面的支撑机制建设和具体实施。

电力通信网精准规划管控架构如图6-5所示。电力通信网全过程数字化管控架构，管控工作机制以数据驱动为核心，包含规划管控和项目管理。其中，规划管控主要支撑技术是规划预测策略；项目管理由项目储备管理、计划管理、项目执行管理和项目评价管理组成。项目储备管理和计划管理主要依靠规划项目优选排序技术；项目执行管理主要依靠项目后评价技术；项目评价管理主要依靠成效评估体系指标体系。

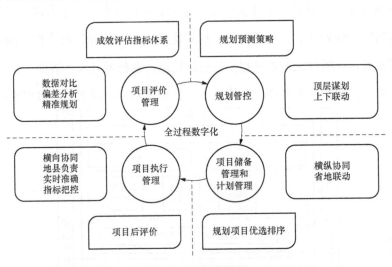

图6-5 电力通信网精准规划管控架构

6.3.4 电力通信网精准规划企业中台

如图6-6所示，电力通信网精准规划企业中台总体架构包括云平台、数据

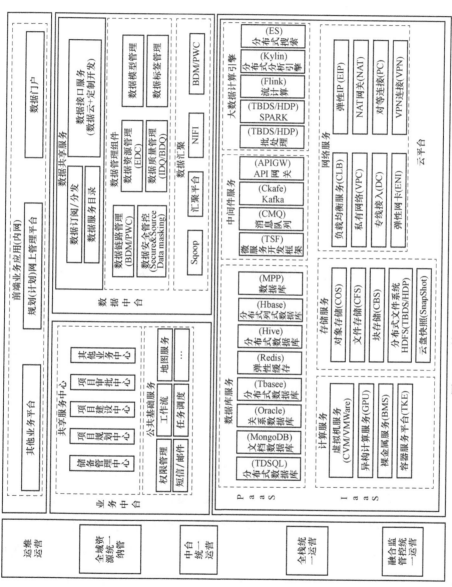

图 6-6　精准规划企业中台总体架构

中台和业务中台。云平台承载核心软硬件资源，为数据中台、业务中台以及前端业务应用提供计算、存储、网络等基础资源服务，以及数据库、中间件、大数据计算引擎等平台组件服务。数据中台建立在云平台的存储服务、数据库服务、中间件服务和大数据计算引擎基础上，通过整合与治理跨域数据，将数据抽象封装成数据共享服务，为业务中台或直接为前端业务应用提供数据，是数据价值挖掘和数据变现的核心。业务中台承载业务应用开发运行模式转型以及应用服务共享的重要任务，为前端业务应用提供可共享的业务能力。精准规划企业中台组成结构如图6-6所示。

6.4 电力通信网精准规划体系支撑作用

电力通信网精准规划体系机制对内涵支撑情况见表6-1。由表可见，组织架构侧重支撑双模管控、互联互通和数据驱动，技术架构侧重支撑开放共享、双模管控、互联互通、创新引领和数据驱动，管控架构侧重支撑开放共享、互联互通和数据驱动。

表6-1　　　　电力通信网精准规划体系机制对内涵支撑情况

机制/内涵特征	开放共享	双模管控	互联互通	创新引领	数据驱动
组织架构		√	√		√
技术架构	√	√		√	√
管控架构	√		√		√

能源互联网电力通信网精准规划体系，以数字化企业管理理念为指导，借助数字化企业理念与新一代数字化技术（大数据技术、云计算和移动互联网），通过精准规划组织架构、精准规划技术架构、精准规划管控架构和精准规划企业中台构建，展现了其以开放共享、双模管控、互联互通、创新引领和数据驱动为内涵特征。能源互联网电力通信网精准规划体系将为电网实现能源互联网背景下的电网公司数字化转型提供有效的技术与管理理论借鉴。

附录 A 变电站业务组成及典型测算表

表 A-1 　　　　　　　　**变电站业务组成及典型测算表**

变电站业务流量					
序号	业务流量组成	基础业务流量（Mbit/s）	链路数量	可靠性要求	并发比例	小计（Mbit/s）
1	调度电话					
2	调度数据网（接入网1）					
3	调度数据网（接入网2）					
4	行政电话（IMS）					
5	变电站视频监控					
6	变电站设备监控					
7	雷电监测					
8	输电线路监控					
9	设备管理系统（PMS）					
10	停电管理系统（OMS）					
11	办公自动化（OA）					
12	气体绝缘组合电器设备（GIS）					
13	视频会商					
14	机器人巡检					
业务净流量总计						
15	继电保护					
业务净流量总计（含继电保护）						

附录 B 典型电网公司办公机构业务组成及典型测算表

表 B-1　　　　　典型电网公司办公机构业务组成及典型测算表

办公机构业务流量						
序号	业务流量组成	业务流量（Mbit/s）	链路数量	可靠性要求	并发比例	小计（Mbit/s）
1	调度电话					
2	调度数据网（一平面）					
3	调度数据网（二平面）					
4	调度数据网（接入网）					
5	行政电话（IMS）					
6	变电站视频监控					
7	变电站设备监控					
8	输电线路监控					
9	调度视频会商					
10	气体绝缘组合电器设备（GIS）					
11	主备调数据同步					
总计						

附录C 业务断面业务组成及相关参数

表 C-1 业务断面业务组成及相关参数

序号	流量组成	业务流量组成	业务流量 (Mbit/s)	可靠性 要求	并发 比例	备注
1	电网生产业务	调度数据网（一平面）				
2		调度数据网（二平面）				
3		1000kV 交流变电站及 800kV 直流换流站（国调直调）				
4		660/600kV 直流换流站（国调直调）				
5		500/330kV 变电站及 400kV 直流换流站（国调直调）				
6		国调直调变电站间继电保护业务				
7		国调直调电厂				
8		调度视频会商				
9		主备调数据同步				
10		业务净流量小计				
11	企业管理业务	总部本部				
12	企业管理业务 （汇聚）	省公司（本部）—总部				
13		省公司（汇聚）—总部				
14		分部—总部				
15		直属单位—总部（生产职能）				
16		直属单位—总部（非生产职能）				
17		直属单位分支机构—直属单位—总部				
18		省公司第二业务汇聚点—总部				
19		省公司—南北客服中心				

附录 D 配电自动化典型终端站点与业务流量带宽

表 D-1　　　　　　　　　　典型终端站点通信流量带宽

序号	站点类型	遥信量	遥信帧长度（Byte）	遥测量	遥测帧长度（Byte）	遥控量	遥控帧长度（Byte）	电度量	电度帧长度（Byte）	10kV站点数据流量
1	开关站									
2	环网单元									
3	箱式变电站									
4	柱上开关									
5	柱上变压器									

表 D-2　　　　　　　　　　配电自动化通信流量带宽

业务类型		终端流量（kbit/s）	终端数量（个）	并发比例	汇总流量（kbit/s）
配电自动化	"三遥"业务	开关站			
		环网柜			
		箱式变压器			
		柱上变压器/柱上开关			
		合计			
	分布式馈线自动化				
电能质量监测（中压侧）					
分布式能源接入					
配变视频监控					
合计		基本业务流量　　　Mbit/s，含视频业务流量　　　Mbit/s			

附录E 本书名词术语中英文对照表

英文简称	英文全称	中文全称
ADM	Add - Drop Multiplexer	分插复用器
ASON	Automatically Switched Optical Network	自动交换光网络
AI	Artificial Intelligence	人工智能
BPLC	Broadband Power Line Communication	宽带电力线载波通信
CBN	Communication Business Network	业务网
CSN	Communication Support Network	支撑网
CDN	Communication Data Network	数据通信网
CA	Capacity Allocation	网络链路容量分配问题
DXC	Digital cross Connect equipment	数字交叉连接设备
DWDM	Dense Wavelength Division Multiplexing	密集型光波复用
ERP	Enterprise Resource Planning	企业资源管理
EPON	Ethernet Passive Optical Network	以太网无源光网络
FA	Flow Allocation	网络流量分配问题
FCFS	First Come First Service	先到先服务
IRS	Information Resource System	信息通信业务管理系统
KSP	K Shortest Path	K 条最短路径
LCFS	Last Come First Service	后到先服务
MIS	Management Information System	管理信息系统
MSTP	Multi—Service Transport Platform	多业务传送平台
OA	Office Automation	办公自动化
OTN	Optical Transport Network	光传送网
OLT	Optical Line Terminal	网络侧的光线路终端
ONU	Optical Network Unit	用户侧的光网络单元
ODN	Optical Distribution Network	光分配网络
PR	PRiority	优先权服务
PTN	Packet Transport Network	分组传送网

续表

英文简称	英文全称	中文全称
PLC	Power Line Communication	电力线通信
PON	Passive Optical Network	无源光网络
QoS	Quality of Service	业务通信服务质量
SDN	Scheduling Data Network	调度交换网
SIRO	Service In Random Order	随机服务
SDH	Synchronous Digital Hierarchy	同步数字体系
TN	Transmission Network	传输网
TA	Topology - design Allocation	网络拓扑分配
TDM	Time Division Multiplexing	时分复用
TRB	Transmission Resource Balance	传输资源均衡
WDM	Wavelength Division Multiplexing	波分复用
WSN	Wireless Sensor Network	无线传感器网络
4G	4th Generation network mobile communication technology	第四代无线通信
5G	5th Generation network mobile communication technology	第五代无线通信

参 考 文 献

[1] 梁雄健. 通信网规划理论与实务 [M]. 北京：北京邮电大学出版社，2006.

[2] 杨丰瑞. 通信网规划 [M]. 北京：北京邮电大学出版社，2005.

[3] 刘丽榕，王玉东，马睿，等. 电网系统保护业务分析及通信承载方案研究 [J]. 电力信息与通信技术，2017，15（12）：12-18.

[4] 徐志强，陆俊，翟峰，等. 智能配用电多业务汇聚的通信带宽预测 [J]. 电网技术，2015，39（03）：712-716.

[5] 陆俊，李子，朱炎平，等. 智能配用电信息采集业务通信带宽预测 [J]. 电网技术，2016，40（04）：1277-1282.

[6] 伍晓平，肖振锋，李沛哲，等. 全域信息融合的电力通信网架构设计 [J]. 电力信息与通信技术，2019，17（12）：49-53.

[7] 李映雪，陆俊，徐志强，等. 多技术融合的智能配用电终端通信接入架构设计 [J]. 电力系统自动化，2018，42（10）：163-169.

[8] 肖振锋，辛培哲，伍晓平，等. 满足可靠及泛在需求的无线传感器网络部署研究 [J]. 武汉大学学报（工学版），2019，52（05）：446-450.

[9] 惠春琳. 能源数字化：重塑全球能源发展态势 [N]. 学习时报，2019-06-21（002）.

[10] 董朝阳，赵俊华，文福拴，等. 从智能电网到能源互联网：基本概念与研究框架 [J]. 电力系统自动化，2014，38（15）：1-11.

[11] 查亚兵，张涛，黄卓，等. 能源互联网关键技术分析 [J]. 中国科学：信息科学，2014，44（06）：702-713.

[12] 田世明，栾文鹏，张东霞，等. 能源互联网技术形态与关键技术 [J]. 中国电机工程学报，2015，35（14）：3482-3494.

[13] 孙宏斌，郭庆来，潘昭光. 能源互联网：理念、架构与前沿展望 [J]. 电力系统自动化，2015，39（19）：1-8.

[14] 马钊，周孝信，尚宇炜，等. 能源互联网概念、关键技术及发展模式探索 [J]. 电网

技术，2015，39（11）：3014‐3022.

[15] 宁昕. 智能配电网顶层设计技术路线报告 [R]. 北京：2017 年中国配电技术高峰论坛，2017.7.

[16] 王一蓉，王艳茹，张荣博，等. 基于 SDN 构建高性能、易扩展的电力通信网 [J]. 中国电力，2016，49（10）：106‐110.